ÉTUDES ET LECTURES

SUR

L'ASTRONOMIE,

PAR

CAMILLE FLAMMARION,

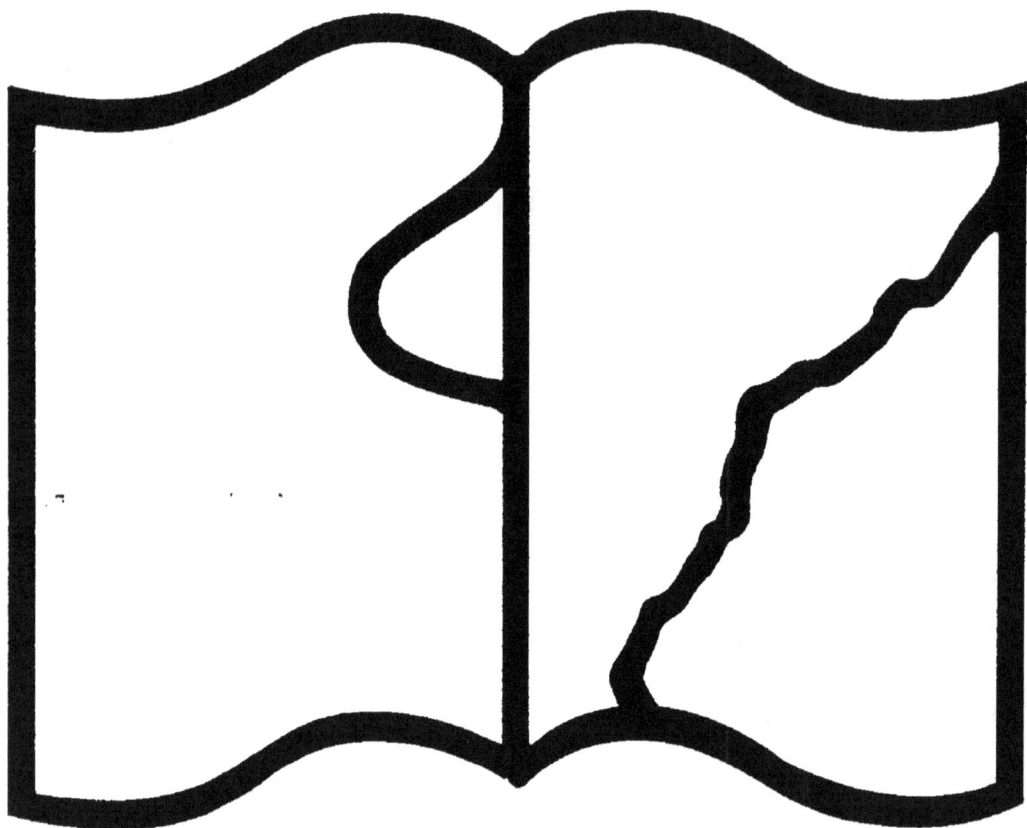

Texte détérioré — reliure défectueuse

ÉTUDES ET LECTURES

SUR

L'ASTRONOMIE.

18

TABLE DES MATIÈRES.

ÉTUDES ET LECTURES

SUR

L'ASTRONOMIE,

PAR

CAMILLE FLAMMARION,

Astronome, Membre de plusieurs Académies, etc.

TOME PREMIER.

PARIS,

GAUTHIER-VILLARS, IMPRIMEUR-LIBRAIRE

DU BUREAU DES LONGITUDES, DE L'OBSERVATOIRE IMPÉRIAL,

SUCCESSEUR DE MALLET-BACHELIER,

Quai des Grands-Augustins, 55.

—

1867.

OUVRAGES DU MÊME AUTEUR.

La Pluralité des Mondes habités.— Étude où l'on expose les conditions d'habitabilité des terres célestes, discutées au point de vue de l'Astronomie, de la Physiologie et de la Philosophie naturelle. 9ᵉ édition; 1 vol. in-12, avec figures..... .... 3 fr. 50 c.

Les Mondes imaginaires et les Mondes réels. — Voyage astronomique pittoresque dans le ciel, et revue critique des théories humaines, scientifiques et romanesques, anciennes et modernes, sur les habitants des astres. 5ᵉ édition; 1 vol. in-12, avec figure.... .... 3 fr. 50 c.

Les Merveilles célestes. — Lectures du soir. Ouvrage illustré pour la jeunesse. 2ᵉ édition, ornée de 46 vignettes astronomiques et de 2 planches; 1 vol. in-12..... 2 fr

SOUS PRESSE :

Dieu dans la Nature. — Réfutation non théologique du matérialisme contemporain.

AVIS AU LECTEUR.

Dans le travail journalier des hommes qui se consacrent à la culture des sciences positives, et surtout aux recherches dont les Mathématiques sont la base, il y a certaines études spéciales qui, semblables à des blocs de granit, sont, pour les gens du métier, la pierre fondamentale des constructions dont la partie extérieure est seule visible aux yeux du public. Ces travaux sont ordinairement d'une importance plus grande que les broderies ou les arabesques de l'édifice extérieur; mais leur intérêt s'adresse surtout à ceux qui, soutenus par une studieuse ardeur, apprécient l'utilité d'observer directement la marche progressive des connaissances humaines. Les esprits animés de ces tendances sont nombreux à notre époque, et ce n'est plus seulement dans l'Université qu'on rencontre cet invincible besoin d'étudier chaque chose dans la pratique aussi bien que dans la théorie : la soif du savoir altère aujourd'hui toutes les intelligences. On doit reconnaître là un des signes non équivoques de l'évolution de l'esprit humain, de son grand réveil, et du suffrage unanime qui désormais confie la destinée du monde aux mains de la science expérimentale.

Pour notre modeste part dans le travail de tous, nous croyons utile de publier, à la suite de la belle et glorieuse série inaugurée par M. Babinet, ces *Études et Lectures sur l'Astronomie*, et c'est avec sympathie que nous avons partagé l'idée qui nous en a été communiquée par l'Imprimeur-Libraire de l'Observatoire impérial de Paris. Nous voudrions seulement que nos travaux eussent une valeur plus considérable et une plus haute autorité. Nous aimons à espérer toutefois que ces études de fond serviront de documents à ceux qui désirent connaître le mouvement contemporain de la science astronomique, et prendre à leur source les découvertes actuelles.

Les Études qui composent cet ouvrage ont été en effet ordonnées ou suscitées par les travaux de la science militante, et souvent par nos correspondances particulières avec les principaux Observatoires et les Académies d'Europe. Elles ont paru, à leur heure, dans des recueils spéciaux, particulièrement dans le journal *le Cosmos* et dans la *Revue contemporaine*. Nous les publions avec leur date, dans la forme même où elles ont été écrites, sans altérer le texte original, même lorsque des découvertes plus récentes y inviteraient, afin que les travailleurs y trouvent les Mémoires successifs de l'état de la science en telle année, en tel mois, et qu'aucune retouche n'y amène des anachronismes ou n'en modifie le caractère local. Dans le cas où des modifications ont été récemment apportées par des découvertes nouvelles, nous les avons indiquées dans des Notes pour maintenir ce recueil au niveau de l'état actuel.

La question du Soleil est celle qui occupe la place la plus importante dans ce premier volume ; c'est aussi celle qui depuis plusieurs années est le sujet principal des recherches des astronomes. Nous pouvons avouer tout de suite que, malgré l'habileté des observateurs et le perfectionnement des instruments, cette brillante et grave énigme est encore loin d'être résolue. Mais quel est l'esprit indifférent qui se refuserait à l'intérêt de visiter les régions mystérieuses de ce monde immense, et de chercher la cause des surprenants phénomènes qui se produisent dans son atmosphère tourmentée?

Ces Études enregistrent ensuite l'état civil de l'Astronomie en 1863 et 1864, l'acte de découverte des petites planètes et des comètes, les observations d'éclipses, les travaux sur le magnétisme terrestre et quelques coïncidences curieuses susceptibles de révéler de nouvelles lois en Astronomie. Les étoiles filantes et les bolides, dont on s'est occasionnellement occupé en ces derniers temps, sont traités avec les égards dus à leur modestie. Enfin, les belles observations sur les nébuleuses méritaient une étude spéciale et attentive.

Des astronomes amateurs, comme on n'en rencontre pas encore assez en France, nous avaient souvent demandé une exposition générale des phénomènes astronomiques de chaque saison, de chaque mois de l'année. Il est utile, en effet, pour celui qui veut étudier les merveilles célestes, de connaître au moins la carte et un peu l'histoire du pays au sein duquel il va voyager, et de posséder des points de repère qui lui permettent de retrouver sa route à travers de si complexes pérégrinations. C'est par la description mensuelle des beautés dont le ciel est successivement constellé, que nous terminerons notre revue astronomique; cette description est complétée par le calcul des positions des planètes.

Nous avons relégué dans les Notes les détails techniques et les données numériques qui confirment le texte, mais qui auraient pu nuire à l'unité du discours ou à la clarté des démonstrations.

FLAMMARION.

Paris, novembre 1866.

LE SOLEIL,

SA NATURE ET SA CONSTITUTION PHYSIQUE.

I

LE SOLEIL,

SA NATURE ET SA CONSTITUTION PHYSIQUE.

L'astre resplendissant qui brille sur nos têtes occupe
le centre du groupe de mondes auquel la Terre appartient. Notre système planétaire lui doit son existence
et sa vie. Il est véritablement le cœur de cet organisme
gigantesque, comme l'exprimait jadis une heureuse mé-
taphore de Théon de Smyrne, et ses battements vivifi-
cateurs en entretiennent la longue existence. Placé au
milieu d'une famille dont il est le père, et sur laquelle
il veille sans cesse depuis les âges inconnus où les
mondes sortirent de leur berceau, il la gouverne et la
dirige, soit dans le maintien de son économie intérieure,
soit dans le rôle individuel qu'elle remplit parmi l'universalité de la création sidérale. Sous l'impulsion des
forces qui émanent de son essence ou dont il est le pi-
vot, la Terre et les planètes, nos compagnes, gravitent
autour de lui, puisant dans l'éternel cours qui les emporte les éléments de lumière, de chaleur, de magnétisme qui renouvellent incessamment l'activité de leur
vie. Cet astre magnifique est à la fois la main qui les
soutient dans l'espace, le foyer qui les échauffe, le flambeau qui les éclaire, la source féconde qui déverse sur

elles les trésors de l'existence. C'est lui qui permet à la Terre de planer dans les cieux, soutenue par l'invisible réseau des attractions planétaires ; c'est lui qui la dirige dans sa voie, et qui lui distribue les années, les saisons et les jours. C'est lui qui prépare un vêtement nouveau pour la sphère encore glacée dans la nudité de l'hiver, et qui la revêt d'une luxuriante parure lorsqu'elle incline vers lui son pôle chargé de neiges ; c'est lui qui dore les moissons dans les plaines et mûrit la grappe pesante sur les coteaux échauffés. C'est cet astre glorieux qui, le matin, vient répandre les splendeurs du jour dans l'atmosphère transparente, ou soulève de l'Océan endormi, comme un duvet de ses eaux, qu'il transformera en rosée bienfaisante pour les plaines altérées ; c'est lui qui forme les vents dans les airs, la brise des crépuscules sur le rivage, les courants pélagiens qui traversent les mers. C'est encore lui qui entretient les principes vitaux du fluide que nous respirons, la circulation de la vie parmi les règnes organiques, en un mot, la stabilité régulière du monde. Enfin, c'est à lui que nous devons notre vie individuelle et la vie collective de l'humanité entière, l'aliment perpétuel de notre industrie ; plus que cela encore : l'activité du cerveau, qui nous permet de revêtir d'une forme nos pensées, et de nous les transmettre mutuellement dans le brillant commerce de l'intelligence.

S'il est vrai de dire, en général, que tout est dans tout, qu'il n'y a rien d'isolé dans la création, et qu'une immense solidarité relie en un même ensemble la totalité des choses, ce principe aura son application la plus large et la plus incontestable dans le cas dont nous nous occupons aujourd'hui. Les actions visibles ou sensibles du Soleil sont loin d'être les seules existantes; et quoiqu'elles suffisent à donner à ce corps central une prépondérance légitime et incontestée, elles sont encore sanctionnées et surpassées par la multitude des actions occultes que l'astre du jour exerce sur nous-mêmes. Que le foyer de sa chaleur agisse directement sur notre organisme, ou qu'il s'exerce à travers mille influences secondaires en rapport avec nous; que la lumière du ciel garde son action purement physiologique ou qu'elle se trouve en relations mystérieuses avec notre humeur et nos facultés intimes toujours accessibles à l'impression extérieure, c'est avec l'autorité du droit que cet astre trône au-dessus de nos têtes dans l'éclat de sa grandeur, exerçant une puissance permanente sur notre monde et sur nous, et manifestant l'étendue de cette puissance, depuis le gouvernement formidable des sphères dans l'espace jusqu'à l'insensible impression que la lumière de chaque jour exerce sur nos regards.

Il n'est pas surprenant que la curiosité humaine ait eu quelquefois pour objet la connaissance de cet astre si puissant et si mystérieux, qui fait le jour et la nuit sur le chemin de notre vie, et qui tient dans son sein le gage de l'existence et de la durée du monde. Le druide qui des bois sacrés descendait aux rives de la Seine, et le matin demandait au ciel oriental le chemin des âmes disparues dans la nuit de la mort; le prêtre de Zoroastre, adorateur du feu, premier principe; l'Égyptien qui sculptait les signes de l'année sur les hauts obélisques; le philosophe grec discutant sur la nature des choses; tous les hommes désireux du savoir et inquiétés par la soif du mystère, ont levé, quelque jour de leur vie, leurs regards du côté de l'astre-roi, lui demandant la clef de tant d'énigmes. Lui qui planait radieux dans les profondeurs du ciel devait connaître ces régions que nous dérobe le voile des distances; peut-être était-ce lui-même qui dirigeait l'éternel flux des êtres connus. C'était lui qui répandait la clarté sur toutes choses; dès lors il pouvait recevoir nos adorations et nos hommages, écouter nos prières, distribuer à nos corps, selon nos mérites, le pain et le vin de chaque jour, et dévoiler à nos âmes quelques-uns des mystères de notre destinée. Mais qu'était-il lui-même, dans cet espace lointain qu'il remplit de sa gloire? quelle était son origine, à lui, le roi des êtres? quelle était sa nature, sa force, sa valeur, lui le premier anneau auquel est suspendue la longue chaîne des existences?

Belles et intéressantes questions, dont la science s'est émue après la fantaisie inhabile, et dont elle a cherché le secret en suivant pas à pas la série des observations positives. La Fable, jadis, avait créé un Soleil fictif, un Soleil fait par les hommes et pour eux-mêmes, construit selon nos mesquines grandeurs et bien peu digne de l'œuvre toujours grande, toujours belle, de la nature. La mythologie hindoue enseignait que l'astre du jour se dépouillait le soir de sa lumière, et traversait le ciel pendant la nuit avec une face obscure. La mythologie grecque représentait le char d'Apollon traîné par quatre chevaux. Anaximandre de Milet soutenait, au rapport de Plutarque, que le Soleil était un chariot rempli d'un feu très-vif qui se serait échappé par une ouverdure circulaire. Épicure aurait, il paraît, émis l'opinion que le Soleil s'allumait le matin et s'éteignait le soir dans les eaux de l'Océan; d'autres pensent qu'il faisait de cet astre une pierre ponce chauffée à l'état d'incantescence. Anaxagore le regardait comme un fer chaud de la grandeur du Péloponèse. Singulière et triste remarque, les anciens étaient si invinciblement portés à considérer la grandeur apparente de cet astre comme réelle, qu'ils persécutèrent ce philosophe téméraire pour avoir attribué un tel volume au flambeau du jour, et qu'il fallut toute l'autorité de Périclès pour le sauver d'une condamnation à mort et commuer celle-ci en une sentence d'exil!

Il fallait que la méthode expérimentale se révélât à l'homme dans sa rigoureuse précision, pour qu'il pût se livrer à des recherches sérieuses et fécondes; tant qu'il n'eut pas notion de cette méthode scientifique, il erra dans le vague et dans l'arbitraire. Mais du jour où, las de discuter sans base et de bâtir dans le vide, il se vit pressé par l'irrésistible besoin de connaître; du jour où l'observation et la mathématique s'offrirent aux yeux et à l'esprit pour leur donner la base tant désirée de l'édifice de la science, l'homme put reconnaître qu'il était sur le chemin de la vérité, et qu'il marchait directement vers la connaissance.

L'observation et le calcul : tels sont en effet les deux éléments que l'homme prit en main dans ces recherches, et par lesquels il parvint à son but. L'observation devait rappocher le Soleil de la Terre et nous révéler sa nature; le calcul devait nous dire sa distance réelle et sa grandeur. De proche en proche, ces deux éléments, creusant le domaine de nos études, nous dévoilèrent un grand nombre de faits dont l'existence même nous était complétement inconnue, et le champ des recherches parut se développer à mesure que nos investigations s'étendaient davantage.

Depuis quelques années, les astronomes se sont adonnés, avec une ardeur plus fervente que jamais, à l'observation de l'astre solaire; cette ardeur était motivée par de curieuses découvertes sur sa constitution physique, récemment faites en Allemagne, et par d'intéressantes descriptions données par les astronomes d'outre-Manche. Ce mouvement généreux n'a pas été stérile. Nous avons pénétré dans ce sanctuaire qu'Apollon jadis cachait aux mortels par d'éblouissantes clartés; nous avons apprécié les richesses qu'il recèle sous la splendeur de son auréole; et c'est quelques-unes de ces richesses que nous voudrions faire connaître à ceux de nos lecteurs dont la pensée s'envole vers les mystères du ciel.

I.

Au mois de juin 1611, le P. Scheiner, jésuite et professeur à Ingolstadt, observait le Soleil avec l'une des premières lunettes inventées. Nul ne fut plus étrangement ému que ce savant, lorsqu'il s'aperçut que cet astre, au lieu d'être d'une incorruptible pureté, était parsemé de taches noires et grises de diverses formes, de diverses grandeurs. Lorsque des observations réitérées ne lui permirent plus de douter de l'existence de ces taches, il consulta sur ce phénomène le Père provincial de son ordre. Celui-ci, zélé péripatéticien, refusa naturellement d'y croire, ce fait se trouvant en désaccord avec les assertions d'Aristote. Sa réponse est digne d'être conservée : « J'ai lu plusieurs fois mon Aristote tout entier, dit-il, et je puis vous assurer que je n'y ai trouvé rien de semblable. Allez, mon fils, ajouta-t-il en le congédiant, tranquillisez-vous, et soyez certain que ce sont des défauts de vos verres ou de vos yeux, que vous prenez pour des taches dans le Soleil. »

Prétendre avoir raison contre Aristote et son système eût été d'une témérité impardonnable. Des esprits tels que Galilée, Jordano Bruno et Campanella, pouvaient à peine se permettre d'avoir une opinion personnelle, et, certes, cette indépendance leur a coûté cher! Mais quant à un pauvre savant inconnu, l'école était là qui l'absorbait. Cependant les yeux sont donnés à tout le monde, et, quelles que soient d'ailleurs les opinions accréditées, on ne peut s'empêcher de voir ce que l'on voit. Aussi, dans cette même année 1611 — cinq ans après la découverte de la première lunette d'approche — Fabricius observait, avec le soin le plus minutieux, les taches à l'aide desquelles il crut, le premier, pouvoir affirmer la rotation du Soleil, et Galilée, par la découverte des facules ou taches brillantes, prouvait, contre les explications des derniers péripatéticiens, que les apparitions des taches noires n'étaient pas le résultat de certains satellites obscurs en circulation autour du Soleil, mais qu'elles appartiennent réellement à cet astre lui-même.

Il paraît qu'avant cette époque, en des cas exceptionnels, on avait distingué à l'œil nu des taches sur l'astre radieux. Virgile, outre l'obscurcissement qui suivit la mort de César, rapporte que parfois « le Soleil levant se montre parsemé de taches ; » Joseph Acosta assure que les naturels du Pérou avaient fait la même observation avant l'occupation des Espagnols ; plusieurs historiens de Charlemagne racontent qu'en 807 on vit sur le Soleil une tache noire qui resta pendant huit jours ; mais ces observations rares et isolées n'avaient pas empêché l'idée de l'incorruptibilité des astres de dominer les pensées.

En observant le Soleil pendant quelques jours de suite, avec une lunette ordinaire, on ne tarde pas à s'apercevoir que les taches sont douées d'un mouvement apparent et qu'elles cheminent toutes ensemble, d'un bord à l'autre. On les voit d'abord apparaître au bord oriental, puis s'avancer graduellement vers le centre du disque circulaire, l'atteindre au bout de sept jours et continuer leur route vers le bord occidental, où elles disparaissent après un nouvel intervalle de sept jours. Ces taches restent ensuite invisibles pendant quatorze jours, puis elles reparaissent à l'orient et continuent leur cours comme la première fois. En même temps elles paraissent s'élargir, dans le sens de la latitude (tout en conservant la même hauteur), en marchant du bord vers le méridien central, et s'amincir lorsqu'elles l'ont dépassé et s'éloignent vers le bord occidental. Les portions brillantes que l'on voit également sur le disque solaire suivent le même cours. Ces divers phénomènes établissent que l'astre lumineux est animé d'un mouvement de rotation sur son axe, que cette rotation est de vingt-sept jours et demi environ, et qu'en tenant compte des apparences, dues au mouvement de la Terre dans l'espace pendant cet intervalle, on doit fixer la rotation réelle du Soleil à une durée de vingt-cinq jours et demi. L'observation des taches a montré également que l'axe de rotation du Soleil n'est pas perpendiculaire au plan de l'écliptique, tracé par le cours annuel de la Terre, mais que cet axe est incliné d'environ 7 degrés. Pour les planètes, leur inclinaison est la cause astronomique de la variété des saisons que l'on remarque à leur surface et qui est due, comme on sait, à ce que les planètes présentent successivement au Soleil, pendant le cours de l'année, leur hémisphère boréal et leur hémisphère austral, et donnent alternativement à chacun d'eux la lumière et la chaleur, tandis que l'hémisphère opposé reste dans l'ombre. Sur le Soleil, une pareille variété de saisons n'existe point. Il serait superflu d'ajouter qu'il en est de même des alternatives de jour et de nuit que la rotation diurne produit à la surface des planètes, et qui n'existent pas non plus dans ce vaste empire où la lumière règne en souveraine, et qui se trouve par sa nature même affranchi de toutes les vicissitudes de nos petits mondes.

Avant d'entrer dans les discussions relatives à la constitution physique du Soleil, il sera bon de compléter les données qui précèdent par les éléments astronomiques de ce monde; nous les rappellerons donc sommairement au souvenir de nos lecteurs. Il convient de bien connaître l'extérieur d'un édifice avant d'en franchir le vestibule.

La Terre, vue du Soleil, se présente sous un diamètre apparent de 17″,2 ; cette grandeur (on devrait plutôt dire cette petitesse) montre notre globe sous la forme d'une étoile brillante. Comme le diamètre apparent du Soleil vu de la Terre mesure 32′3″, ou 1923 secondes, il est évident que le rapport de ces deux diamètres apparents, correspondant à une même distance, est égal au rapport des diamètres réels. Ce rapport établit que le rayon du Soleil est égal à 112 fois le rayon de la Terre. Les volumes de deux sphères étant entre eux dans le rapport des cubes de leurs rayons, le volume du Soleil est donc égal à 1 400 000 fois celui de la Terre. Exprimé en lieues, le diamètre solaire en mesure 360 000. Il faudrait 1 400 000 globes terrestres réunis ensemble, pour former un globe de la grosseur de l'astre du jour. Arago raconte qu'un professeur d'Angers, voulant donner à ses élèves une idée sensible de la grandeur de la Terre comparée à celle du Soleil, imagina de compter les grains de blé de grandeur moyenne qui sont contenus dans un litre : il en trouva 10 000. Conséquemment un décalitre en renfermait 100 000, un hectolitre 1 000 000 et quatorze décalitres 1 400 000. Ayant alors rassemblé en un tas les quatorze décalitres de blé, il mit en regard un seul de ces grains et dit à ses auditeurs : « Voilà en volume la Terre, et voici le Soleil. » Cette assimilation frappa les élèves infiniment plus que ne l'avait fait l'énonciation du rapport des nombres abstraits 1 et 1 400 000.

La connaissance du volume réel d'un astre dépend de la connaissance préalable de la distance qui nous en sépare, et ne peut venir qu'après elle. Cette distance était l'élément fondamental du système du monde, et, avant de l'avoir obtenue, on n'avait que des rapports. La relation qui existe entre les distances des planètes au Soleil et leurs mouvements annuels était connue depuis le jour où le génie de Kepler avait deviné les harmonies célestes; mais, tout en connaissant la figure de l'ensemble du système, on n'avait aucune notion des dimensions absolues. En attribuant arbitrairement telle grandeur à l'une des dimensions, on déterminait immédiatement la grandeur correspondante des autres; on se trouvait dans le même cas que lorsqu'on connaît les angles d'un triangle sans connaître aucun de ses côtés : une infinité de triangles semblables de toutes grandeurs peuvent être construits. Mais du jour où l'on put mesurer une base, on établit par là le système dans sa valeur absolue.

On sait que les passages de Vénus sur le Soleil sont la méthode la plus sûre et la plus précise que l'on puisse employer pour mesurer la distance du Soleil à la Terre. Deux observateurs situés aux deux extrémités d'une corde de la sphère terrestre observent les deux points où la planète, vue de chacune de leurs stations, paraît se projeter en même temps sur le disque solaire. Cette mesure leur donne l'amplitude de l'angle formé par deux lignes partant de leurs stations et venant se croiser sur Vénus pour aboutir, dans un angle opposé, sur le Soleil. La mesure de cet angle, comparé à la longueur de la distance qui sépare les deux stations terrestres, donne la parallaxe du Soleil, et par là même la valeur de la distance qui nous en sépare.

Le rapport qui existe entre la révolution annuelle de Vénus et celle de la Terre indique un retour constant, en apparence irrégulier, pour les passages de cette planète entre le Soleil et nous. Pour qu'ils se produisent, il faut qu'au moment où Vénus est située entre le Soleil et la Terre, elle se trouve dans le plan de l'écliptique, et qu'en outre sa distance apparente du Soleil, en latitude, n'excède pas le demi-diamètre de cet astre. Ces conditions ne se trouvent réunies qu'en juin et en décembre et aux intervalles singuliers de 8 ans, $113 \frac{1}{2}$ ans — 8 ans, $113 \frac{1}{2}$ ans + 8 ans. Ainsi les derniers passages ont eu lieu en 1761 et 1769; les prochains arriveront le 8 décembre 1874 et le 6 décembre 1882; les suivants en 2004 et 2012. Ces caprices apparents de Vénus n'ont pas toujours été favorables aux astronomes. Un petit événement que nous désirons ne pas voir se renouveler dans l'expédition scientifique que M. Airy prépare pour 1874, en donne une idée suffisante. Le Gentil, envoyé par l'Académie des Sciences, s'était embarqué en 1761, pour observer à Pondichéry le susdit passage. Malheureusement, le mauvais temps en mer ne lui permit de débarquer qu'après le phénomène. Il résolut alors d'attendre le passage suivant de 1769, et se prépara dès lors pendant ces huit années à faire une observation digne de tant de sacrifices. Hélas! juste au moment du passage, un petit nuage apparut dans le ciel pur et lui cacha le phénomène.

Les résultats obtenus par l'observation de Vénus, faite avec le concours des savants de toute l'Europe, en Laponie, en Sibérie, au cap de Bonne-Espérance, en Californie, à Otahiti, à Madras, etc., donnèrent 8″,6 pour la parallaxe moyenne du Soleil. Cette valeur implique une distance égale à 23 984 rayons terrestres, correspondant à 38 230 000 lieues de 4 kilomètres. Telle est la distance qui nous sépare du Soleil, à 100 000 lieues près en plus ou en moins. Les parallaxes plus récentes calculées à l'aide des oppositions de Mars ont donné 8″,9 ; M. Léon Foucault, par une méthode complétement indépendante des précédentes, a trouvé 8″,8 ; M. Encke 8″,6. Ces données ne s'accordent pas assez pour que l'on puisse en prendre la moyenne, et sont chacune trop soigneusement établies pour que l'on puisse préférer l'une à l'exclusion des autres. C'est pourquoi nous nous en tenons aux nombres inscrits ci-dessus.

Une comparaison vulgaire donnera, comme plus haut, une idée de cette distance, plus facile à se représenter que l'idée renfermée dans des nombres abstraits. Nous dirons, par exemple, qu'en prenant le train express le plus rapide, franchissant 60 kilomètres à l'heure, nous n'arriverions au Soleil qu'en 270 ans. Nous?.... ce ne serait plus nous, mais notre huitième ou neuvième génération. Un boulet de 24 qui parcourt 400 mètres par seconde à sa sortie d'une bouche à feu, 6 lieues par minute, 360 lieues à l'heure, emploierait pour ce voyage douze ans et quelques mois. Le même boulet n'arriverait à l'étoile la plus voisine qu'après 2 716 000 ans. Qu'il y a loin de cette étendue aux conceptions antiques qui, comme celle d'Hésiode, croyaient donner la mesure du ciel en disant qu'une enclume mettrait neuf jours à tomber du ciel sur la Terre et de la Terre aux enfers. Cependant la distance de la Terre au Soleil n'est qu'une des bases les plus petites, une des *unités* dont nous nous servons dans la numération stellaire. Un philosophe anglais émettait à cet égard une idée singulière. Si le plus habile cheval de course dont on ait jamais parlé, disait-il, fût parti du Soleil à la naissance de Moïse et eût couru le long d'une droite menée du centre du système à la circonférence, eût-il galopé en pleine vitesse et sans jamais s'arrêter, il arriverait seulement maintenant à l'orbite d'Uranus et n'aurait pas encore parcouru la moitié du diamètre du système planétaire.

La masse du Soleil est également fort remarquable. Si l'on pouvait disposer d'une balance gigantesque et que l'on plaçât le Soleil sur l'un des plateaux, il ne lui faudrait pas moins de 350 000 Terres comme la nôtre pour lui faire équilibre. Or la Terre pèse elle-même 5875 sextillons de tonnes de 1 000 kilogrammes. Nous ne nous étendrons pas sur la méthode dont on se sert pour obtenir ces déterminations ; on sait qu'en astronomie il est facile de peser la Terre et les autres mondes. De la comparaison établie entre la masse et le volume du Soleil et de la Terre, il résulte que la densité moyenne des matériaux constitutifs de cet astre est égale au quart de la densité terrestre moyenne. Quant au poids des corps à sa surface, ils sont là 28 fois plus lourds qu'ici. Le pendule à secondes qui mesure 1 mètre sur notre globe devrait en mesurer 28 sur le Soleil ; 1 kilogramme sur la Terre, en pèserait 28 transporté à la surface du Soleil.

On a comparé la lumière que le Soleil nous envoie à celle des étoiles et à celle de la Lune. Parmi les observations les plus accréditées, il résulte de celle de Wollaston que la lumière du Soleil est à celle de Sirius, la plus brillante étoile du ciel, comme 200 000 000 est à 1, et des expériences de Bouguer, qu'elle est à celle de la pleine Lune comme 300 000 est à 1.

L'intensité lumineuse comparative des diverses régions du disque solaire a de même été étudiée par plusieurs observateurs. Il résulte des déterminations photométriques d'Arago, confirmées par les photographies, que la différence n'est que de $\frac{1}{40}$, c'est-à-dire que si l'on représente par 40 la lumière du bord, celle du centre sera représentée par 41.

Il en est de même pour l'intensité calorifique. En faisant tomber isolément sur un thermomètre des rayons émis par divers points de l'astre, le Père Secchi a constaté que le maximum de chaleur est au centre, et qu'à partir de là la chaleur va en diminuant vers les deux bords. — On sent que ces différences proviennent de l'atmosphère, que les rayons, lumineux et calorifiques, traversent d'autant plus obliquement pour venir à nous, qu'ils sont émis par un point plus rapproché des bords. Les observations tendant à établir une différence d'intensité entre deux hémisphères du Soleil ne sont pas assez précises encore pour que nous puissions les enregistrer parmi les données scientifiques.

II.

Lorsque, l'œil armé du télescope, on observe avec attention les taches solaires, on ne tarde pas à reconnaître qu'elles se composent généralement de deux parties bien distinctes. La partie centrale de la tache est ordinairement noire, celle qui l'enveloppe est grise. Si l'on suit une tache pendant toute la période de sa durée, on remarque qu'elle subit un changement dans sa forme et dans sa grandeur; elle augmente d'abord jusqu'à une limite définie, puis elle diminue avec une rapidité plus ou moins grande et disparaît enfin complétement. Cette période de la durée d'une tache, depuis sa formation jusqu'à sa disparition finale, est très-variée; on en a remarqué qui n'ont pas duré un jour solaire, et qui ont disparu avant d'arriver au bord occidental; d'autres sont restées visibles pendant cinq à six révolutions consécutives, c'est-à-dire pendant cinq à six mois.

On a donné à la partie obscure centrale des taches le nom de *noyau;* à la zone qui l'enveloppe le nom de *pénombre.* Récemment, on a proposé une distinction nouvelle à établir dans la partie centrale, où l'on remarque parfois un centre noir bien accusé : c'est de garder pour ce centre le nom de *noyau,* et de donner à la partie entière le nom d'*ombre.* On verra tout à l'heure la raison de ces dénominations. Remarquons que, lorsque nous parlons d'un centre *noir* dans les taches, ce n'est pas un centre absolument noir qu'il faut entendre ; il n'y a là qu'un effet relatif. Si l'on représente par 1000 l'intensité générale de la lumière du Soleil, celle de la pénombre sera représentée par 469, plus de moitié moins; celle du noyau obscur par 7. Quelque faible que soit ce chiffre, il exprime encore une clarté considérable : environ 2 000 fois celle de la pleine Lune.

Les dimensions des taches sont très-variées. On en a

mesuré qui occupaient sur le Soleil une étendue linéaire de 167 secondes ; comme le diamètre de la Terre, vu à la même distance, ne sous-tend qu'un angle de 17″,2, il est manifeste que le diamètre réel de ces taches était environ dix fois plus grand que celui de la Terre. Un espace de 1 minute mesuré à la surface du Soleil équivaut à près de 12 000 lieues ; les grandes taches dont nous parlons s'étendaient donc sur une surface de 30 000 lieues de diamètre. La vitesse avec laquelle se meut quelquefois la matière lumineuse au bord des taches croissantes ou décroissantes, est également prodigieuse. Mayer vit une tache, dont la largeur apparente était de 90 secondes, s'oblitérer dans l'espace de quarante jours environ. Or, les dimensions réelles de cette tache étaient de 16 776 lieues ; il s'ensuit que la substance de ces bords se retira avec une vitesse moyenne de 430 lieues par jour, ou 18 lieues à l'heure. On se ferait du reste difficilement une idée de la rapidité des changements qui parfois s'accomplissent sur le Soleil ; le 1er septembre 1859, un météore éblouissant, formé au milieu d'un groupe de taches, parcourut 12 000 lieues en cinq minutes. Les formes des taches sont également variables et irrégulières. Quelquefois le disque en est complétement dépourvu pendant des semaines et des mois, quelquefois il en est parsemé. Tantôt elles sont légères, petites et nombreuses ; tantôt elles présentent chacune une étendue considérable ; tantôt elles sont réunies par groupes circulaires, irréguliers, allongés, et leurs pénombres paraissent comme des franges en contact. On a vu parfois une grande tache se morceler brusquement en un grand nombre de petites.

Il est arrivé parfois que les taches furent assez nombreuses pour affaiblir sensiblement l'éclatante lumière de l'astre du jour ; cela pendant plusieurs heures consécutives et quelquefois même pendant plusieurs jours, plusieurs semaines et plusieurs mois. Les exemples les plus anciens que nous ayons de ces obscurcissements remarquables sont ceux des années 358, 360 et 409. En 358, cet obscurcissement fut l'avant-coureur du terrible tremblement de terre de Nicomédie, qui détruisit aussi plusieurs villes en Macédoine et dans le Pont ; l'obscurité dura deux ou trois heures. En 360, les ténèbres s'étendirent depuis le matin jusqu'à midi, dans toutes les provinces orientales de l'empire romain ; les étoiles étaient visibles ; ce phénomène n'est donc point dû à une cause atmosphérique, et sa durée ne permet pas de l'attribuer, comme le fait Ammien Marcellin, à une éclipse totale. En 409, lorsque Alaric parut devant Rome, le Soleil s'obscurcit, et l'on vit les étoiles en plein jour (*). Remarquons, en passant, que l'on a beaucoup parlé de l'obscurcissement arrivé à la mort de Jésus. « A partir de la sixième heure, dit l'Évangile, une obscurité se répandit sur tout le pays jusqu'à la neuvième heure. » L'éclipse de Soleil arrivée dans la CCII⁰ olympiade, et qui fut visible dans toute l'Asie Mineure, avait eu lieu l'an 29, le 24 novembre, trois ou quatre ans auparavant. Du reste, le jour de la Passion tomba le 14 du mois de Nisan, jour de la pâque des Juifs, et comme la pâque est toujours célébrée à la pleine Lune, il n'y a pas, comme le remarque judicieusement de Humboldt, d'éclipse possible à cette époque-là. La durée de trois heures s'y oppose aussi, de son côté. C'est

(*) *Voir* la Note I à la fin du volume.

pourquoi les commentateurs, et notamment le P. Scheiner, ont eu recours aux taches solaires. Mais, remarque digne d'intérêt, comme une apparition semblable de taches obscurcissantes ne paraît pas pouvoir se manifester subitement et disparaître instantanément au bout de trois heures, Scheiner ne voulut pas précisément enlever au phénomène son caractère miraculeux : il voulut seulement rendre le miracle *plus facile!*.... Parmi les obscurcissements les plus longs, il faut citer ceux des années 535 et 626, mentionnés par Abulfarage. Dans la première année, le Soleil subit une diminution d'intensité qui dura pendant quatorze mois ; dans la seconde, sous l'empereur Héraclius, la moitié du corps du Soleil s'obscurcit, du mois d'octobre jusqu'au mois de juin suivant. On a vu quelquefois des taches à l'œil nu, au lever du Soleil et à son coucher, tels Galilée en 1612, d'Arquier en 1764, Méchain et Herschel en 1779, etc. Schroëter dit avoir mesuré une tache à laquelle il trouva une étendue seize fois plus grande que celle de la Terre ; elle sous-tendait un angle de 4′35″. Le même astronome rapporte l'observation de 68 taches simultanément visibles ; une autre fois de 81.

Les apparitions des groupes de taches sont sujettes à une périodicité régulière. Pendant cinq à six ans, leur nombre s'accroît, atteint un maximum, et décroît ensuite pendant un même laps de temps. La période est de 11,2 années. Nous devons la connaissance de ce fait aux observations assidues de M. H. Schwabe, de Dessau, qui, depuis 1826, s'est voué à l'examen journalier de la surface du Soleil. Tout récemment, on a cru remarquer une autre périodicité plus longue, dont le maximum serait tombé en 1836, qui se renouvellerait en cinquante-six ans, et qui coïnciderait avec les distances des grosses planètes au Soleil (*).

Toutes les régions solaires ne se montrent pas également sujettes à la formation des taches. On en voit rarement, pour ne pas dire jamais, aux pôles, aux latitudes lointaines, ou à l'équateur même ; c'est aux environs de l'équateur qu'elles commencent à se manifester, au delà du 3e degré de latitude, et c'est vers le 15e degré qu'elles sont le plus abondantes. Par suite des observations de Galilée, Cassini, Lalande, Herschel, on peut établir que la zone appelée royale par Scheiner, celle où les taches se montrent, mesure 3o degrés de chaque côté de la ligne équatoriale. C'est dans cette région que toutes les taches sont rassemblées. Ajoutons maintenant que, outre ces taches noires formées d'une pénombre, d'une ombre et d'un noyau, outre les taches grises formées seulement par la pénombre, on remarque à la surface du Soleil des taches blanches plus brillantes que le Soleil même. Ce n'est point là un effet de contraste résultant du voisinage des taches sombres, car on aperçoit ces blancheurs, nommées *facules,* sur la surface entière, et lors même qu'aucune tache sombre n'est visible. Cassini a parfois observé qu'elles se montraient à la place que des taches disparues venaient d'occuper, comme si le Soleil restait plus épuré dans les endroits où des taches se sont formées ; cet observateur a vu quelquefois aussi une tache se transformer en facule et redevenir tache ensuite. Les grandes facules, celles qui ont été le plus apparentes près des bords de l'astre, disparaissent souvent quand le mouvement

(*) *Voir* la Note II à la fin du volume.

de rotation de l'astre les a amenées au centre du disque.

Examiné attentivement et avec un grossissement suffisant, le Soleil n'a pas un éclat uniforme. Outre les taches proprement dites dont nous avons parlé, outre les facules qui se détachent çà et là en clair sur la surface, cet astre est couvert de rugosités assez semblables à celles qui recouvrent la peau d'une orange (*). Ce sont comme des rides vives et sombres extrêmement déliées, entre-croisées sous toutes sortes de directions; elles donnent au Soleil un aspect pommelé. Ces irrégularités ne sont pas circonscrites dans une zone d'une largeur limitée au nord et au midi de l'équateur; elles s'observent dans toutes les parties de la surface, même dans celles qui avoisinent les pôles de rotation. On les a nommées *lucules*. Un débat s'est élevé cette année en Angleterre sur la dénomination comparative qui paraissait la plus rapprochée. Les uns offraient le nom de *feuilles de saule,* d'autres celui de *grains de riz,* d'autres encore, la définition plus générale de *granules;* il est résulté du débat que, très-certainement, ces granules occupent la surface entière du Soleil; que leur forme et leur grandeur sont des plus variées; qu'ils se montrent généralement plus gros et plus brillants dans les régions brillantes du disque, car la différence entre leur éclat et celui de la surface reste toujours la même, et qu'ils n'existent jamais sur le bord des taches (*).

Tels sont les phénomènes généraux que l'on observe à la surface du Soleil. Il est temps de voir maintenant quelles hypothèses on a émises pour les expliquer, et

(*) *Voir* la Note III et la Note IV à la fin du volume.

ce que l'on a pu croire de plus vraisemblable sur la constitution physique de cet astre.

On peut réduire à deux théories fondamentales les diverses hypothèses que l'on a imaginées pour rendre compte des apparences. L'une de ces théories représente le globe solaire comme lumineux par lui-même, à l'état d'incandescence, solide, liquide ou gazeux, peu importe ici, et considère les taches comme des scories, des résidus incombustibles flottant à la surface. L'autre théorie représente au contraire le Soleil comme un corps opaque, obscur et perpétuellement caché sous une enveloppe de matière lumineuse ; les taches seraient des ouvertures perforées par des gaz ascendants, à travers cette atmosphère blanche, par lesquelles l'œil plongerait jusqu'au noyau obscur formant le corps de l'astre. De ces deux hypothèses, la première est la plus ancienne, parce qu'elle s'offre tout naturellement à l'esprit ; la seconde est le résultat de déductions fondées sur les observations modernes et n'a pas encore cent ans d'existence. Depuis le commencement du siècle, on l'a assez généralement adoptée ; mais ces derniers temps ont vu revivre la premiere, et lui ont donné une certaine consistance basée sur l'expérimentation scientifique.

C'est à Wilson, astronome de Glascow, que l'on doit la première idée de la théorie des enveloppes solaires. Les principaux observateurs qui l'ont précédé n'avaient point encore fondé de théorie complète. Galilée avait supposé autour du Soleil un fluide élastique dans lequel flotteraient des nuages ; Scheiner l'enveloppait d'un océan de feu, ayant des mouvements tumultueux, ses abîmes et ses écueils; Hévélius y ajoutait une atmosphère sujette à des corruptions; Kepler le constituait de la manière la plus dense qui fût au monde : sa masse formait un globe immense de métal embrasé, dardant en ligne droite, de tous les points de sa surface, des feux s'alimentant de la substance même de l'astre; Huygens était disposé à admettre en lui l'état d'incandescence liquide. Aucun de ces théoriciens ne rendait compte des phénomènes observés. C'est ce que Alexandre Wilson essaya de faire, et voici l'observation fondamentale sur laquelle il construisit l'édifice de sa nouvelle théorie.

Au mois de novembre 1769, une grande tache bien définie lui permit un examen attentif sur les apparences de perspective que les taches prennent successivement à nos yeux par suite du mouvement de rotation du Soleil. Près du centre, la pénombre, parfaitement terminée, entoure le noyau et montre la même largeur dans tous les sens. Lorsque la tache s'avance vers le bord occidental de l'astre, la partie de la pénombre située du côté du centre du Soleil paraît se contracter considérablement avant que les autres parties de cette même pénombre aient changé de dimension d'une manière sensible. Quand la tache est parvenue à 24 secondes du bord, la pénombre n'existe plus du côté du centre, et une portion du noyau a également disparu du même côté.

Cela étant, on ne saurait supposer que la tache fût à la surface même du Soleil, car, dans ce cas, ce ne serait pas le côté de la pénombre le plus rapproché du centre qui s'amincirait, mais bien celui qui se trouve le plus près du bord, lequel serait vu plus obliquement. Or, c'est précisément le contraire qui a lieu. Wilson ren dit un compte géométrique de cette remarque en supposant que les taches solaires sont de grandes excavations dans l'atmosphère lumineuse, que le fond des cavités n'est autre que le corps solaire lui-même, et que les talus forment les pénombres. Cet astre devint pour lui un corps solide non lumineux, recouvert d'une couche de substance enflammée dont l'astre devait tirer toutes ses propriétés éclairantes et vivifiantes. Il mesura même la hauteur de cette couche par l'observation du lieu où s'évanouissait telle pénombre de telle largeur, et trouva pour cette hauteur une quantité égale au rayon de la Terre. La formation des taches était expliquée, dans cette hypothèse, en supposant qu'un fluide élastique, sortant de la masse obscure du Soleil comme d'un volcan, franchissait la matière lumineuse, l'écartait, la refoulait dans tous les sens, et laissait ainsi voir à nu une portion du globe intérieur.

Cette idée d'une ouverture en forme d'entonnoir, sur laquelle est fondée la théorie des enveloppes solaires, appartient à Wilson; si l'on avait avant lui imaginé ces enveloppes, ce n'était point par l'analyse des phénomènes observés. Dès 1440, le cardinal de Cusa avait représenté le Soleil comme un noyau terreux, entouré d'une enveloppe légère formée par une sphère lumineuse; entre le noyau et cette sphère, il ajoutait une atmosphère semblable à la nôtre. Il disait encore que la propriété de rayonner la lumière, qui revêt la Terre de végétaux, n'appartient pas au noyau terreux du Soleil, mais à la sphère lumineuse qui l'enveloppe. Cependant le cardinal ne connaissait pas les taches solaires et n'en avait jamais vu. Dominique Cassini avait encore donné un témoignage plus précis sur la nécessité de se représenter le globe solaire comme un corps obscur entouré d'une photosphère. La surface visible du Soleil, avait-il dit, est un océan de lumière enveloppant le noyau solide et obscur; de grands mouvements, et comme des bouillonnements, se produisent dans cette sphère lumineuse et de temps à autre nous laissent apercevoir le sommet des montagnes dont le Soleil est hérissé; ce sont là les noyaux noirs que l'on distingue au centre des taches. La même manière de voir a été partagée plus tard par Lalande. On voit que ces idées, quelque rapport qu'elles aient avec celles de Wilson à propos des enveloppes lumineuses, n'impliquaient cependant pas l'explication des taches adoptée plus tard.

Quelques années après Wilson, et sans connaître son Mémoire, Bode développa les mêmes idées avec quelques variantes. L'astronome allemand supposa le Soleil enveloppé de deux atmosphères, la première vaporeuse comme un brouillard, la seconde lumineuse; la première empêcherait la seconde d'être jamais en contact avec le corps solide du Soleil. Lorsqu'une agitation quelconque occasionne un déchirement dans l'atmosphère lumineuse, dit-il, nous apercevons le noyau solide de l'astre, toujours très-obscur par rapport à la vive clarté qui l'entoure, mais plus ou moins sombre cependant, suivant que la portion du globe ainsi découverte est une mer aplanie, une vallée resserrée ou une plaine sablonneuse. Bode est le premier astronome qui ait basé sur des observations l'hypothèse de l'habitabilité du Soleil, et comme s'il eût voulu ne se laisser dépasser plus tard par personne, il s'adonna à dépeindre, sous les couleurs les plus brillantes, une ère de félicité, dont il dota les habitants de cet astre superbe.

De proche en proche on arrive à l'un des plus grands observateurs des temps modernes, à William Herschel, qui donna aux idées précédentes l'assentiment de sa légitime autorité, et qui les confirma en établissant pièce par pièce sa théorie sur des observations personnelles. Le grand astronome de Slough déclara que la lumière et la chaleur solaires n'avaient point leur source dans le corps même du Soleil, mais dans une enveloppe extérieure que, pour cette raison, on nomma *photosphère*. Au-dessous de cette enveloppe s'en trouvait une seconde plus compacte, sans lumière propre, et dont l'effet était tout à la fois de réfléchir dans les espaces la lumière de l'atmosphère extérieure, et d'en garantir le noyau du Soleil. Ce noyau serait solide et présenterait l'aspect d'un corps relativement obscur. Les deux atmosphères, séparées par un certain intervalle, étaient douées de mouvements indépendants, et des taches nous apparaissaient lorsque deux ouvertures correspondantes dans ces deux couches superposées permettaient à l'œil de percer jusqu'au corps obscur. Lorsqu'une seule ouverture existait dans l'atmosphère supérieure, sans correspondre à une seconde de l'autre atmosphère, c'était une tache sans noyau, avec la seule pénombre. Lorsque l'ouverture inférieure était plus large, c'était une tache avec noyau sans pénombre. Ces ouvertures étaient produites par des courants intenses de gaz échappés de l'astre et s'élevant à travers les enveloppes en vertu de leur faible pesanteur spécifique. Quand ce gaz est peu abondant, il engendre les petites ouvertures de la couche supérieure; ce sont les pores. Quand il se combine chimiquement avec d'autres gaz, la lumière inégale qui en résulte produit les rides. Les nuages lumineux ne se touchent pas parfaitement; de là l'aspect pommelé ou marbré. Si ces nuages s'accumulent sous l'action des courants qui s'élèvent, ils donnent naissance aux facules. On voit que rien n'est oublié, et que, par cette hypothèse raisonnée, Herschel rendait compte de tous les phénomènes.

Après William Herschel, la plupart des astronomes adoptèrent la théorie précédente sur la constitution du Soleil. Lalande l'avait déjà partagée. Laplace, Delambre se rangèrent du même avis. De Humboldt la confirma par des observations nouvelles; Herschel fils servi de son côté à sa propagation. Arago lui donna peut-être plus d'autorité encore. Jusqu'en ces dernières années, les astronomes l'admirent en majorité, beaucoup même à priori, comme un fait désormais inébranlable.

La découverte de la *polarisation de la lumière* par Arago vint ensuite la consolider dans les esprits, en paraissant la confirmer par des expériences directes appartenant à une nouvelle branche de la physique. La lumière qui émane, sous un angle suffisamment petit, de la surface d'un corps *solide* ou *liquide* incandescent offre des traces de coloration dans la lunette polari, scope et se décompose en deux faisceaux colorés. La lumière qui émane d'une substance *gazeuse* enflammée, au contraire, reste toujours à l'état naturel, quel qu'ait

été son angle d'émission. Un rayon de lumière naturelle jouit des mêmes propriétés sur tous les points de
son contour ; un rayon de lumière polarisée ne jouit pas
des mêmes propriétés sur ses divers côtés, et ces dis-
semblances se manifestent par un certain nombre de
phénomènes que nous ne pouvons décrire ici. (C'est un
fait étrange que l'on puisse parler des divers côtés d'un
rayon de lumière, et ce mot *étrange* ne paraîtra pas
exagéré si l'on remarque avec Arago que des milliards
de milliards de ces rayons peuvent passer simultanément par le trou d'une aiguille sans se troubler les uns
les autres ; cependant c'est sur une observation aussi
minutieuse que se base la théorie de la polarisation.)

Or, pour appliquer au Soleil les faits caractéristiques
que nous venons de signaler entre la lumière issue
d'un corps solide ou liquide et la lumière issue d'un
corps gazeux, suivant un angle d'incidence très-petit,
nous remarquerons que les rayons qui viennent des bords
du disque solaire sortent sous un très-petit angle, puisqu'au bord même ils deviennent tangents à la sphère. Si
ces rayons sont colorés, ce fait annonce qu'ils sont émis
par un corps solide ou liquide ; s'ils restent blancs, c'est
qu'ils viennent d'une substance gazeuse. Or, en observant directement le Soleil un jour quelconque de l'année, on n'a aperçu aucune trace de coloration sur les
bords des images. Arago en conclut que la substance
enflammée qui dessine le contour du Soleil est gazeuse,
et il généralise cette conclusion, puisque les divers
points de la surface, par l'effet du mouvement de rotation, viennent chacun à leur tour se placer sur le
bord. Cette expérience lui donne la certitude que l'hy-

pothèse de la nature gazeuse de la photosphère solaire
est l'expression de la réalité.

Toute claire qu'elle nous paraît, cette conclusion n'a
pas été unanimement adoptée ; sir John Herschel notamment l'a contredite dans la dernière édition de son
Astronomie. « On a cru voir dans ce fait, dit-il, une
preuve expérimentale directe de la nature gazeuse de
la surface d'où cette lumière provient. On part de ce
principe, que la lumière émise par un corps incandescent solide ou liquide, sous des obliquités très-grandes
relativement à la surface, est toujours au moins par-
tiellement polarisée, et que, par conséquent, la surface solaire ne peut être ni un solide ni un liquide
incandescent. Dans les premières éditions de cet ouvrage, j'ai passé sous silence cette argumentation, et
je n'aurais pas cru nécessaire de protester contre sa va-
lidité, appuyée comme elle l'est des plus grands noms de
l'optique, si je ne voyais qu'elle tend de plus en plus à
devenir prédominante. Dans ces circonstances, j'ai cru
qu'il était de mon devoir de montrer son côté faible. La
fausse supposition qui lui sert de base consiste à admettre que la lumière émanée des bords du Soleil est
nécessairement très-oblique par rapport au rayon vi-
suel de l'observateur qui la reçoit ; or, quoiqu'on puisse
affirmer qu'il en est ainsi en général pour les portions
limites d'une sphère qui a près de 358 millions de lieues
de diamètre, cela n'a pas lieu, en réalité, pour chaque
décimètre ou pour chaque centimètre carré de la surface solaire. Admettons que le Soleil soit un liquide
incandescent, sans plus d'inégalités de surface ou d'as-
pérités que la Terre ou que la Lune, il n'en sera pas

moins vrai que de quelque part que nous vienne la lumière par laquelle nous le voyons, du centre ou des
bords, cette lumière sera nécessairement composée d'un
mélange de rayons émis par la surface courbe, sous tous
les degrés possibles d'obliquité et dans tous les plans possibles, sans préférence aucune. En effet, une portion lumineuse de la surface du Soleil sous-tendant la dix-millième partie d'une seconde correspond à une étendue
superficielle de 36 kilomètres carrés, sur laquelle par
conséquent doivent exister toutes les variétés possibles
de plaines, de fleuves, de montagnes ou de collines, de
précipices, d'ondulations du sol, etc. La surface générale d'une forêt, vue d'un lieu élevé, est parallèle à
l'horizon mathématique; mais qui oserait dire que les
rayons lumineux, par lesquels on voit ses dernières
feuilles, émanent de ces feuilles sous un certain degré
d'obliquité plutôt que sous un autre, dans tel plan
plutôt que dans tel autre? » Les objections précédentes
ne sont pas faites dans le but d'infirmer la théorie de
la photosphère gazeuse, mais seulement pour montrer
que les expériences faites sur la polarisation de la lumière ne donnent pas encore à cette théorie le caractère de la certitude.

Des physiciens ont essayé, à divers points de vue,
de se rendre compte expérimentalement de la constitution du Soleil développée plus haut. Nous mentionnerons ici l'une des expériences les plus dignes d'intérêt, celle de M. Boutigny (d'Évreux). Cette expérience
reproduit en petit le Soleil d'Herschel. On fait chauffer
à blanc une sphère creuse en métal poli ou en porce-
laine, percée d'une ouverture à la circonférence; on y

verse de l'acide sulfureux anhydre; on introduit immédiatement dans la sphère deux thermomètres préparés d'avance; on plonge la boule de l'un dans le sphéroïde même d'acide sulfureux, et l'on maintient l'autre à quelques centimètres au-dessus. Celui-ci monte immédiatement à 3oo degrés et il se brise, l'autre descend à 11 degrés au-dessous de zéro. N'a-t-on pas là, dit l'habile chimiste, une image du Soleil? Enveloppe brûlante et lumineuse, atmosphère préservant le noyau central de la chaleur, et enfin le noyau central froid.

Arago partagea point pour point la théorie développée par William Herschel et adoptée par les astronomes. Le Soleil fut pour lui un globe obscur, entouré à une certaine distance d'une atmosphère que l'on peut comparer à l'amosphère terrestre lorsque celle-ci est le siége d'une couche continue de nuages opaques et réfléchissants. Si l'on place au-dessus de cette première couche une seconde atmosphère lumineuse, qui prendra le nom de *photosphère*, cette photosphère, plus ou moins élevée au-dessus de l'enveloppe nuageuse intérieure, détermine par son contour les limites visibles de l'astre.

Les astronomes d'outre-Manche, parmi lesquels nous citerons spécialement le Rév. W. Dawes, ont généralement persévéré dans la même théorie, et l'ont encore confirmée par des analyses assidues et des observations rigoureuses. Sir John Herschel a écrit, dans ses *Outlines of Astronomy*, que la partie du disque solaire non occupée par des taches est loin d'offrir un éclat uniforme; que la surface du Soleil est finement pommelée, et que ces masses lumineuses sont séparées les unes des autres par des rangées de petits points noirs. Ces points noirs, ou pores, examinés attentivement, paraissent dans un état de changement perpétuel, et rien ne pourrait mieux offrir cette apparence que la chute lente de précipités chimiques à l'aspect floconneux tombant dans un fluide transparent et vus perpendiculairement d'en haut. Si ce mouvement n'est pas une illusion d'optique causée par la vision confuse de l'œil, qui se fatigue vite lorsqu'il est enfermé dans un champ restreint, elle pourra mettre sur la voie de notions nouvelles sur la constitution physique du Soleil.

L'aspect pommelé de la surface solaire pourrait aussi n'être qu'une apparence. Lors même qu'il en serait ainsi, cela n'empêcherait pas d'admettre avec le P. Secchi que les facules qui se montrent aux environs des taches sont les crêtes des vagues tumultueuses soulevées dans la photosphère, émergeant par leur cime de la couche atmosphérique plus dense, et formées de la substance photosphérique rejetée à l'extérieur par la force interne qui fait naître la tache. Les masses allongées qui donnent au Soleil l'aspect pommelé ressemblent à des granulations rassemblées au hasard ; cependant il arrive parfois qu'elles se disposent dans le même sens aux environs d'une tache : c'est lorsqu'elles se préparent pour une course précipitée vers l'intérieur de la tache, et viennent s'avancer comme un pont lumineux, la traversant quelquefois de part en part. Un jour, M. Dawes dirigea son attention sur ce phénomène. Les masses lumineuses offraient l'aspect de brins de paille, presque tous couchés dans la même direction, quoique quelques-uns fussent obliques à la ligne du pont : les parties latérales du pont paraissaient dentelées à cause de l'inégale longueur des pièces qui le composaient. C'est un fait remarquable que ces sortes de ponts soient toujours formés par des stries lumineuses provenant de la couche extérieure, qui se projettent alors sur la pénombre, sans aucun mélange des couches inférieures moins lumineuses.

Loin de simplifier la théorie précédente sur les enveloppes solaires, l'observateur dont nous venons de parler, ayant souvent remarqué dans l'*ombre* centrale des taches une partie plus noire encore, a proposé d'appliquer une dénomination différente à ces deux parties. Le point noir du centre représenterait le *noyau* du Soleil ; l'*ombre* en serait distincte. Cet auteur considère l'astre comme environné de *trois* enveloppes, sans compter celles qui peuvent exister au delà de la photosphère. La première enveloppe, en allant du centre à la périphérie, il l'appelle *couche nuageuse ;* elle formerait l'ombre de la tache. La seconde ou moyenne enveloppe constituerait la pénombre que l'on remarque généralement dans toutes les taches d'une certaine étendue et d'une forme symétrique. Elle paraît toute lumineuse, mais son éclat est bien plus faible que celui de l'enveloppe extérieure. Il arrive souvent que des lignes d'un éclat plus vif sont projetées sur elle : ces lignes appartiennent sans aucun doute à la photosphère. On remarque ordinairement un accroissement d'éclat au bord intérieur de la pénombre, la lumière allant en décroissant de l'intérieur à l'extérieur. L'examen de ces régions avec une lunette, dont le champ est assez restreint pour ne pas s'étendre au delà, a montré qu'il n'y

a pas là un effet d'optique. On peut croire que le bord
intérieur de la pénombre est plus épais que le reste,
comme si les matières y étaient accumulées. La troisième enveloppe ou photosphère offre la même apparence, et semble roulée sur elle-même au bord inférieur qui limite le bord extérieur de la pénombre.

Voici comment, dans cette théorie, on explique le
mécanisme des taches.

Un immense volume de gaz non inflammable, dé-
chargé avec une force prodigieuse du corps même du
Soleil, par quelque volcan ou quelque agent semblable,
s'échappe à travers la couche nuageuse, rejetant tout
autour la portion déplacée de cette couche, et produi-
sant l'apparence d'un bord épaissi et plus lumineux.
Le trou noir que cette éruption volcanique a percé dans
la couche forme le *noyau* de la tache. Après avoir traversé ce stratum nuageux, le gaz développé arrive
sous l'influence du pouvoir calorifique de la couche
demi-lumineuse qui forme la pénombre; par suite de sa
grande expansion, il déplace une aire plus grande dans
la seconde couche que dans la première; il découvre
une surface considérable de la couche nuageuse : c'est
l'*ombre* de la tache.

Continuant son excursion, le gaz arrive à la photosphère et la traverse; les mêmes faits se continuent, et
la *pénombre* enveloppe l'ombre comme celle-ci a enveloppé le noyau.

A cette explication de la formation des taches, le
P. Secchi a ajouté des observations tendant à établir
une analogie entre elles et les tourbillons qui se manifestent dans notre atmosphère. Il a vu, de plus, de lé-

gers filets sinueux de nuages sillonner la pénombre
d'une infinité de courants ou ruisseaux, et se déverser
dans l'intérieur du noyau, absolument comme se con-
duirait une matière incandescente en fusion, se préci-
pitant en torrents pour remplir un vide. M. Chacornac
nous informe de son côté qu'il a vu, d'une part, les courants de facules se déverser dans la pénombre, perdre peu
à peu leur éclat à mesure que leur surface se réduit, et,
d'autre part, les ruisseaux lumineux, rayonnés et con-
tournés en spirale de la pénombre, descendre dans la
partie inférieure du noyau, en s'obscurcissant de plus
en plus, et rester pendant plusieurs jours à l'état de
croissants déliés, paraissant se fondre ou se diviser en
fragments avec une sorte de bouillonnement ou de tour-
billonnement très-visible. Le P. Secchi a même essayé
de déterminer l'épaisseur de l'enveloppe photosphérique
par la profondeur des taches, et a trouvé que cette
épaisseur n'égalait pas le rayon de la Terre (*).

Tel est l'état actuel des sciences d'observation en ce
qui concerne la théorie solaire que nous venons d'es-
quisser. Mais depuis quelques années, à côté de cette
théorie s'en est élevée une autre bien différente, pour
ne pas dire contradictoire, fondée sur d'autres faits et
construite sur des principes étrangers aux précédents.
Cette théorie est issue de l'une des branches les plus
merveilleuses de la physique moderne, de l'*analyse
spectrale de la lumière;* et, pour la rapporter, nous
devons d'abord rappeler en quoi consiste cette nouvelle
branche de la science.

(*) *Voir* la Note V à la fin du volume

III.

Le Spectre de la Lumière ! Par quelle bizarrerie notre langue cache-t-elle sous un voile si terrible la plus belle des apparences?... Levons-le, ce suaire funèbre que Newton jeta sur sa découverte brillante, et contemplons dans sa source ce monde merveilleux des couleurs. Un rayon de Soleil en sortant du prisme se divise en sept couleurs fondamentales : violet, indigo, bleu, vert, jaune, orangé, rouge, et, lorsqu'on le reçoit sur un écran, forme une image oblongue, colorée des vives nuances de l'arc-en-ciel, image nommée *spectrale,* parce qu'elle n'est qu'une apparence et non une réalité. Par suite de l'inégale réfrangibilité des rayons lumineux, les rayons de diverses nuances subissent une déviation inégale en passant à travers le prisme, et, au lieu de rester réunis comme précédemment en un seul faisceau blanc, ils se développent en une bande colorée. Deux rayons de différente couleur ne se ressemblent ni dans leur degré de réfrangibilité, ni dans la longueur de leurs ondes, ni dans la rapidité de leurs vibrations. Pour le rappeler en quelques mots, nous dirons que les moins réfrangibles sont les rayons rouges, ensuite les jaunes, auxquels succèdent les verts, les bleus, les violets, précisément dans l'ordre de leur position sur l'image prismatique; nous dirons encore que les rayons rouges sont ceux dont les longueurs d'onde sont les plus grandes et les vibrations les moins

rapides, tandis que les violets sont ceux dont les longueurs d'onde sont les plus courtes et les vibrations les
plus rapides, et qu'entre ces extrèmes les propriétés se
succèdent dans l'ordre de la position des couleurs.
Ainsi, les longueurs d'onde des rayons rouges sont
de 620 millionièmes de millimètre, celles du vert sont
de 510, celles du violet de 420; le nombre des vibrations par seconde est de 500 pour les rayons rouges,
600 pour les verts, 730 pour les violets. On voit que
chaque rayon lumineux a ses propriétés particulières
et ne peut se confondre avec son voisin.

Jusqu'au commencement de ce siècle, on avait étudié
les propriétés physiques des rayons lumineux, sans
chercher à analyser dans son aspect intime l'image obtenue par la décomposition prismatique de la lumière.
C'est seulement vers 1802 que le physicien anglais
Wollaston, étudiant depuis longtemps l'image spectrale
dans différents aspects et différentes positions, eut l'i-
dée de faire entrer le rayon lumineux par une fente à
bords parallèles aux arêtes du prisme. Ce physicien
trouva que le spectre ainsi obtenu n'était pas, comme
il était apparu dans le mode d'examen adopté par Newton, une bande continue de lumière, mais qu'il était
sillonné perpendiculairement à sa longueur par des
lignes ou raies obscures.

Indépendamment des travaux de Wollaston, Fraunhofer, opticien bavarois, s'adonnait de son côté, vers la
même époque, au même genre d'études. Il cherchait
principalement à découvrir dans l'image lumineuse
quelques points fixes, indépendants de la nature des
prismes, qui pussent être pris comme points de repère

auxquels on pourrait sûrement rapporter les zones et les couleurs. C'est en faisant ces recherches qu'il s'aperçut, vers 1815, qu'en donnant au prisme certaine position spéciale, on voyait brusquement apparaître, dans l'image spectrale, des *raies obscures coupant transversalement la banderole aux sept couleurs.*

Cette découverte devait être la source d'une nouvelle branche de la science moderne, de la *chimie céleste.*

Fraunhofer commença par dresser soigneusement une carte de l'image spectrale, dans laquelle il traça les lignes principales qui venaient de se révéler. Il désigna ces lignes fixes par les huit premières lettres de l'alphabet. Elles sont placées dans la disposition suivante : A, dans le rouge ; B, au commencement de l'orangé ; C, à la fin de cette couleur ; D, raie double au milieu du jaune ; E, dans le vert ; F, à la limite du vert et du bleu ; G, entre le bleu et l'indigo ; H, dans le violet. Ce sont là les huit lignes principales du spectre solaire ; quant au nombre total des lignes, on ne saurait encore le fixer : les travaux accomplis pendant ces dernières années ont déjà porté ce nombre à trois mille.

A quelle cause ces raies étaient-elles dues? C'est ce que Fraunhofer ne put parvenir à découvrir. Mais l'étude dont l'initiative lui appartient donna lieu à de nombreuses séries de recherches, desquelles il résulta que l'on pouvait diviser ces raies mystérieuses en quatre catégories, comme il suit : 1° raies cosmiques ou raies noires apparues dans la lumière du Soleil et dans celle de tous les objets que cet astre éclaire; 2° raies noires produites par l'absorption de certains gaz; 3° raies brillantes particulières aux sources électriques; 4° raies brillantes produites par l'introduction, au sein des flammes étudiées, de diverses substances que l'on veut analyser. Nous parlerons principalement ici de la première série; nous laisserons la troisième de côté, comme en dehors de notre sujet, et nous toucherons à la seconde et à la quatrième dans les rapports qu'elles peuvent avoir avec l'objet qui nous occupe, la constitution physique du Soleil.

Les raies du spectre solaire, dont nous avons signalé plus haut les principales, sont constantes et invariables. Quelle que soit l'époque de l'année, la saison, la température, l'heure du jour à laquelle on examine un rayon du Soleil, on reconnaît invariablement dans son image prismatique les stries qui lui appartiennent. En outre, fait important et digne d'intérêt, on les trouve également dans la lumière diffuse du jour, dans celle réfléchie par les nuages, les montagnes et tous les objets exposés au Soleil. On les voit encore dans la lumière que la Lune et les planètes nous renvoient, corps célestes dont la clarté, comme celle de la Terre, est empruntée au rayonnement solaire.

Non content d'analyser le spectre du Soleil et celui des objets éclairés par sa lumière, on chercha à décomposer de même la lumière de diverses substances terrestres chauffées à l'état d'incandescence, ou tenues en suspension dans des flammes. On avait soin de bien purifier les sels, les métaux, les corps simples à analyser; puis, en les introduisant dans la flamme d'un bec de gaz, on examinait la formation des raies produites par cette introduction. Il est bon de faire observer, avant d'aller plus loin, que plusieurs spectres peuvent être superposés sur le même écran et comparés ; et qu'en projetant, par exemple, le spectre d'une substance incandescente sur celui d'une flamme d'hydrogène, on peut reconnaître en quoi ce nouveau spectre diffère du précédent.

Voici le principe fondamental qui résulte de ces expériences : *Le spectre de toute source lumineuse présente dans la distribution de ses raies*, brillantes ou obscures, *un ordre particulier à cette source et invariable*. En d'autres termes, tout élément mis en suspension dans une flamme coordonne les raies du spectre de cette flamme suivant une distribution qui lui est propre.

De cette proposition capitale, aujourd'hui démontrée et incontestable, il résulte que, par la seule inspection de la position des raies auxquelles donne naissance un mélange de sels de diverses bases introduit dans la flamme, on peut reconnaître la présence de ces différentes bases avec assez de facilité pour que ce procédé constitue une méthode pratique d'analyse qualitative. La rapidité avec laquelle un observateur exercé arrive au résultat cherché, et l'extrême petitesse des quantités que l'on peut ainsi découvrir, donnent ainsi à cette méthode une incontestable supériorité sur les autres procédés d'analyse. La science moderne est redevable à MM. Kirchhoff et Bunsen, les habiles physiciens auxquels on doit ces brillantes découvertes, de l'un de ses plus merveilleux et de ses plus féconds accroissements.

La constatation et l'établissement du principe qui précède mettaient sur la voie de répondre à la question que nous posions tout à l'heure et que Fraunhofer n'avait pas résolue : quelle est la cause des raies obscures du spectre solaire? Du jour où l'on reconnaissait qu'une source de lumière donne des indications certaines sur la nature des substances en combustion ou volatilisées au sein de la source lumineuse, on pouvait étendre ce mode de recherches à toutes les distances de visibilité. On entrait ainsi en possession d'une méthode d'analyse applicable à l'atmosphère lumineuse du Soleil, à la lumière des planètes, des étoiles, des nébuleuses,..., analyse que l'on peut appeler à la fois *télescopique*, puisqu'elle s'étend aux distances célestes, et *microscopique*, puisqu'elle révèle des quantités infiniment petites. Elle est vraiment télescopique et microscopique à la fois, cette merveilleuse analyse spectrale : elle plonge dans les distances infinies des cieux; elle enregistre les corpuscules invisibles. D'un côté, elle fera descendre au foyer de sa lentille le pâle rayon d'une nébuleuse si lointaine, que ce rayon met des siècles entiers à nous parvenir ; d'un autre côté, elle accusera la présence de quelques *millionièmes de milligramme* de sodium ou de potassium perdus dans un mélange.

Nous avons établi plus haut quatre catégories principales de lignes spectrales; la première de ces catégories se rapporte aux raies sombres du spectre solaire, la quatrième aux raies brillantes produites par les substances incandescentes. Or, l'étude mutuelle de ces deux séries a conduit à la connaissance de l'origine des raies solaires.

Lorsqu'une substance quelconque est chauffée ou rendue lumineuse, elle émet des rayons d'un certain degré de réfrangibilité définie, et en même temps cette substance a le pouvoir d'absorber des rayons de réfrangibilité égale à celle des rayons qu'elle émet. Le sodium, par exemple, mis en ignition, émet deux raies brillantes jaune clair, contiguës, dont la position coïncide avec celle de la double raie obscure D de Fraunhofer dans le spectre solaire. Or, si l'on rend, par un courant électrique, le sodium en ignition plus lumineux encore, on voit apparaître, à la place de la raie jaune, une ligne noire coïncidant exactement avec la ligne D de la lumière solaire. Semblablement, certaines raies brillantes provenant d'autres métaux peuvent être, de la même manière, interverties ou remplacées par des raies sombres. Ces faits résultent notamment des travaux de MM. Kirchhoff, Balfour Stewart, Foucault et Miller.

Pour les appliquer au spectre solaire, M. Kirchhoff admet que l'atmosphère lumineuse du Soleil renferme les vapeurs de différents métaux, donnant chacun leur système caractéristique de raies brillantes ; mais qu'au delà de cette atmosphère incandescente, tenant en suspension des vapeurs métalliques, se trouve le noyau solide du Soleil, chauffé à une température encore plus élevée. Lorsque la lumière de ce noyau, si violemment chauffé, est transmise à travers la photosphère incandescente, les raies brillantes que cette photosphère engendrerait sont interverties ; les raies noires de Fraunhofer ne sont que ces raies brillantes remplacées, et qui se montreraient telles qu'elles sont si le corps ardent du Soleil disparaissait.

M. Kirchhoff soumit sa théorie à des épreuves minu-

tieuses et de différents genres. Il étudia longuement le
spectre solaire jusque dans ses moindres détails, en
cherchant à l'approfondir au delà des limites qu'avaient
déjà si péniblement atteintes les observateurs anté-
rieurs. Pour donner une idée de ces recherches, nous
dirons qu'il analysa les unes après les autres les lignes
caractéristiques des substances; ainsi, par exemple, il
trouva que les soixante lignes lumineuses du spectre
du fer coïncident avec soixante lignes du spectre solaire, et ainsi des autres corps. En dernier lieu, il arriva à cette conclusion : que le Soleil renferme le fer,
la magnésie, la soude, la potasse, la chaux, le chrome,
le nickel, mais qu'il ne renferme ni l'or, ni l'argent, ni
le cuivre, ni le zinc, ni l'aluminium, ni le plomb, ni la
strontiane, ni l'antimoine.

Ces diverses expériences conduisirent le savant physicien de Heidelberg à révoquer en doute la théorie solaire due à Wilson, Herschel, Arago, que nous avons
exposée plus haut. Il résultait de cette nouvelle physique que le corps du Soleil n'était pas obscur, comme
on l'avait cru jusqu'alors, mais, au contraire, lumineux
et incandescent; que sa lumière, loin d'être inférieure
à celle de son atmosphère, lui était au contraire infiniment supérieure, et qu'il était lui-même la source
de la lumière et de la chaleur qu'il répand dans l'espace. Cette théorie faisait disparaître en même temps
l'édifice des trois atmosphères; la formation et la nature des taches n'étaient plus telles qu'on le supposait;
une nouvelle explication, en harmonie avec les observations spectrales, devait succéder aux précédentes.

L'idée fondamentale de cette nouvelle théorie peut

se résumer en quelques mots. Le Soleil serait un globe en fusion, composé en grande partie des mêmes éléments que la Terre, et entouré d'une atmosphère comme elle, mais de dimensions beaucoup plus considérables. Les taches seraient des nuages se condensant dans l'atmosphère solaire sous l'influence d'un refroidissement de température partiel, et devenant assez opaques pour intercepter tout à fait les rayons du globe incandescent.

On ne peut se dissimuler que cette idée de la constitution physique du Soleil ne soit fort simple et plus facile à accepter que l'explication dont nous avons parlé en premier lieu; mais on ne peut s'empêcher de reconnaître en même temps qu'elle ne rend pas compte des faits observés sur les apparences des taches, seuls objets appartenant au Soleil avec lesquels nous soyons en relation directe par la vue.

Parmi les adversaires de la théorie qui envisage les taches solaires comme des nuages, nous nommerons particulièrement le P. Secchi, directeur de l'Observatoire du Collége romain. En premier lieu, il ne peut admettre que le noyau solaire soit un globe liquide, incandescent, plus lumineux que l'atmosphère environnante; cette atmosphère est encore une véritable photosphère. Mais l'astronome romain est disposé à simplifier les enveloppes et à n'admettre qu'une seule couche. Les taches se forment dans cette photosphère; ce ne sont point des nuages, mais des cavités remplies de gaz moins brillants, dans lesquelles on distingue parfois des tourbillons ou cyclones. On voit souvent des filets lumineux rayonner de la photosphère, comme ferait une portion détachée d'une matière qui coulerait des parois dans le noyau, ou comme des torrents qui se déverseraient dans l'intérieur. Ces lignes longues et tortueuses conservent tout l'éclat de la photosphère elle-même. Une telle apparence ne confirme en rien l'idée de nuages. Les facules qui entourent souvent les taches semblent au même auteur inconciliables avec l'hypothèse des nuées. Ces facules, dit-il, ne sont autre chose que les crêtes des vagues tumultueuses soulevées dans la photosphère, qui émergent par leur cime de la couche atmosphérique plus dense, et semblent formées de la substance photosphérique rejetée à l'extérieur par la force interne qui fait naître la tache (*).

Il semble que l'on pourrait faire la part des deux théories opposées, garder de celle de M. Kirchhoff l'incandescence du noyau solaire, et admettre que les tourbillons qui se forment dans l'atmosphère occasionnent des troubles profonds, obscurcissant momentanément l'éclat du disque dans les lieux où ils se produisent. Mais voici un nouveau théoricien, M. Émile Gautier, de Genève, qui, en admettant la fluidité ignée de l'astre solaire, attribue les taches à des solidifications partielles de la surface, comme il arrive pour les couches oxydées qui se forment à la surface des métaux en fusion.

Cette hypothèse s'accorde assez bien avec les apparences générales des taches. Leur opacité, leurs formes si nettement accusées, leurs contours si tourmentés et si brusques, leur persistance surtout, sont, dit M. Gautier, autant de caractères qui conviennent mieux à des solides flottant sur la matière en fusion, qu'à des nuages ou à des vapeurs suspendues dans l'atmosphère

(*) *Voir* la Note VI à la fin du volume.

solaire. Les filets lumineux traversant parfois le milieu obscur des taches, en y déterminant des saillies
en forme de promontoires ou de presqu'îles qui subsis-
tent pendant un certain temps, peuvent s'expliquer par
des fissures survenant dans la croûte de matière solide.
On peut supposer que les choses se passent ainsi à la
surface du Soleil, quoique la densité de cet astre (1,4)
soit bien inférieure à celle de nos métaux, surtout si
l'on songe qu'elle va très-probablement en croissant de
la périphérie au centre. Cependant il est avéré que les
métaux, comme sur la Terre, existent aussi dans le Soleil : sous quelle forme, alliés à quels corps, dans quel
état physique? c'est ce qu'on ne peut dire. Mais la chaleur très-élevée du globe auquel ils appartiennent a dû
donner à leurs molécules des rapports de cohésion ré-
ciproque très-différents de ceux que nous avons ici-bas.
Élevés à des températures de milliers de degrés, les
alliages solaires en fusion, tout en demeurant liquides,
ce qui est démontré par la forme nettement terminée
du disque, peuvent être supposés infiniment plus dila-
tés, et par conséquent moins denses qu'ils ne le seraient
si ces températures venaient à baisser.

Les taches solaires seraient ainsi des solidifications
partielles de la surface, dues soit à des refroidisse-
ments, soit à des actions chimiques réunissant momentanément en agrégats des sels ou oxydes issus de
la masse en fusion et flottant à sa surface. Le noyau
obscur correspondrait à la partie la plus épaisse de la
croûte solide, la pénombre à la pellicule qui, dans toute
formation de ce genre observée à la surface des métaux en fusion, se produit invariablement autour de la

scorie. L'une et l'autre sont susceptibles de se fendre et de produire ainsi des fissures laissant apercevoir la masse en fusion brillante, sous la forme de ponts lumineux. Les facules seraient le résultat de l'apparition à la surface du Soleil de substances plus éclatantes ou douées d'un pouvoir rayonnant plus considérable.

Nous avouons qu'en recevant cette nouvelle hypothèse, nous avons été frappé de son caractère et de sa vraisemblance, et, dans la difficulté où nous nous trouvions nous-même de nous arrêter personnellement à une théorie définitive, nous avons été fort heureux de rencontrer en elle cette simplicité que nous cherchons, parce qu'elle est le caractère ordinaire des œuvres de la nature. Mais elle ne nous donne pas satisfaction entière sur les cavités même *apparentes* (nous voulons bien le dire) des taches symétriques. Nous ne savons si c'est par suite d'une idée préconçue, mais en observant ces taches nous avons toujours cru voir un enfoncement vers le noyau, et c'est sur ce caractère qu'est fondée la théorie primitive. M. Gautier et M. Spœrer pensent qu'il y a là une pure illusion. On a, disent-ils, attaché un trop grand poids au fait que, d'après Wilson, la pénombre des taches situées près du bord du Soleil est plus large du côté du bord et plus étroite du côté du centre du disque. Les observations modernes ne présentent en aucune façon des apparences aussi simples, et déjà Schrœter s'était attaché à prémunir les astronomes contre toute conclusion tendant à faire admettre comme de réelles élévations ou comme de réels enfoncements ce qui pourrait paraître tel à la surface du Soleil. Lors donc, ajoutent-ils, que Herschel induit de mesures directes une profondeur de quelques centaines de milles pour le noyau de certaines taches, nous ne saurions trouver dans ces chiffres aucun titre à l'appui de son hypothèse.

Cependant il n'est pas encore prouvé que ce ne soient point là des excavations réelles. Pour notre part, nous serions heureux d'une hypothèse plus simple que celle de pareilles ouvertures, d'une durée de plusieurs mois, dans une atmosphère en rotation. Néanmoins, si elles existent, l'observation la plus irrécusable et la plus positive serait de suivre une tache large et profonde dans son trajet jusqu'au bord du disque, et d'examiner au micromètre si le bord ne se trouve pas échancré à l'endroit du noyau central de la tache ; nous n'avons pas été favorisé personnellement d'un pareil bonheur, mais un observateur dont l'habileté et la bonne foi ne sont contestées par personne, le très-laborieux M. Goldschmidt, nous affirme avoir observé ce phénomène scrupuleusement et en détail ; il nous a dessiné cette tache vue de la sorte en profil au bord du disque, et de cette vue résulte, comme conséquence inévitable, une excavation dans la photosphère.

Nous n'avons pas encore parlé d'une atmosphère extérieure au Soleil, dont l'existence fut révélée par les observations d'éclipses totales. Les protubérances qui s'élèvent comme des montagnes de feu autour du disque lunaire obscurcissant, et qui dénotent une hauteur de plus de 7000 myriamètres au-dessus de la surface, ont été expliquées par la supposition qu'elles représentent des masses nuageuses éclairées et colorées par l'illumination inférieure, et suspendues dans une atmosphère extérieure à toutes les autres. Cette explication peut s'accorder avec les deux hypothèses exposées plus haut.

Il en est de même du mouvement des taches, plus rapide à l'équateur qu'aux latitudes lointaines, et qui accuse une rotation de vingt-quatre jours et demi aux tropiques et de vingt-six jours à une latitude de 24 degrés, mouvement mis hors de doute par les observations de M. Carrington. Il en résulte que de puissants vents d'ouest (sans analogie bien entendu avec nos alizés) soufflent entre 5 et 13 degrés de latitude boréale et australe. Ce fait doit être également admis dans les deux hypothèses et ne témoigne pas en faveur de l'une plutôt qu'en faveur de l'autre. Quoi qu'il en soit, nous ferons remarquer à ce propos que, malgré les observations les plus favorables, on ne saurait sérieusement admettre que les taches solaires puissent correspondre à des points fixes, montagnes découvertes, volcans en ignition, etc. Elles sont éminemment instables.

Tels sont les faits recueillis par l'observation contemporaine. Le moment est solennel pour les héliographes. Des deux parts on a rassemblé tous les éléments à l'appui de chaque thèse; observations et raisonnements, chacun a son bagage de guerre. Arrivé à son plus haut degré de puissance, le combat se continuera-t-il longtemps encore? longtemps encore la victoire restera-t-elle indécise? Il semble que la solution tant désirée ne puisse tarder à se manifester clairement; le conflit des opinions devra la mettre à nu et donner l'explication des apparences contradictoires qui nous arrêtent aujourd'hui. Quoi qu'il en soit, on comprendra que notre

3.

devoir était de présenter impartialement ici l'état actuel de la question envisagée à ses divers points de
vue scientifiques; ce devoir s'arrête là et nous défend
de trancher présentement le sujet en litige. Travaillons
à chercher la vérité sans préoccupation de système.
Sans doute, il est moins agréable d'attendre modeste-
ment l'issue que de se prononcer d'autorité; mais outre
l'inconséquence qui souvent est le caractère d'une opinion prématurée, il n'y a, la plupart du temps, qu'une
grande présomption d'esprit chez celui qui ne craint
pas de poser des affirmations sans base suffisante. Du
reste, il est bien permis d'avouer son indécision, en un
sujet sur lequel nul ne peut encore rien affirmer.

IV.

Quelle est la nature de la lumière et de la chaleur
qui rayonnent de l'astre du jour? quelle est l'intensité
réelle de ces agents puissants? à quelles autres forces
le Soleil donne-t-il naissance, et quelle est l'étendue de
l'influence de cet astre sur la Terre et sur les planètes
dont il est le père? La science s'est proposé depuis
longtemps la solution de ces problèmes, et déjà elle a
fait de grands pas dans cette voie.

On connaît l'éclat éblouissant de la lumière de Drum-
mond, produite par la flamme d'hydrogène et d'oxygène, dirigée sur un morceau de craie incandescent;
non-seulement l'œil ne peut en soutenir l'éblouissante
blancheur, mais il se fatigue même de regarder les objets éclairés par cette clarté. Or, cette flamme projetée

sur le disque du Soleil a l'apparence d'une tache *noire*. Sa lumière est relativement à celle du Soleil comme 1 est à 146.

La lumière électrique produite entre deux charbons par l'action d'une pile de Bunsen de 46 éléments est au Soleil dans le rapport de 1 à 4,2 ; en employant les plus grands éléments, on peut arriver à produire une flamme dont l'éclat n'est plus que le tiers de celui du Soleil. Lors même qu'on arrive ainsi à pouvoir comparer à la lumière solaire les lumières terrestres, ces expériences ne laissent pas de consacrer la suprématie unique de cette lumière sur toutes les autres.

On a de même cherché à mesurer l'intensité de la chaleur solaire à l'aide de divers procédés comparatifs dont les résultats ont offert un accord satisfaisant. On se fera une idée de cette chaleur, si l'on se représente que le Soleil est un globe 1 400 000 fois plus gros que la Terre, et que la chaleur qu'il produit annuellement est égale à celle qui serait fournie par la combustion d'une couche de houille de 7 lieues de hauteur enveloppant entièrement ce globe immense. La Terre ne reçoit que la deux-mille-trois-cent-millionième partie de la chaleur qu'il déverse annuellement dans l'espace. Ce foyer colossal serait capable de fondre en une seconde une colonne de glace de 4120 kilomètres carrés de base et de 310 000 kilomètres de haut. Pour l'empêcher de rayonner, il ne faudrait pas moins d'une colonne d'eau glacée, à zéro, de 18 lieues de diamètre, lancée sur lui par un jet formidable, avec la vitesse de la lumière.

Source du jour qui illumine notre système, foyer de la chaleur qui l'échauffe, le Soleil est encore le centre des actions électriques et magnétiques qui se manifestent dans les mondes. Il tourne sur lui-même, de même que la Terre et les planètes, et comme elles il est sous la puissance du magnétisme et de l'électricité. Ces corps célestes sont de grands aimants, qui agissent par induction à travers l'espace, les uns sur les autres. Aux mouvements généraux qui résultent de l'attraction universelle, il faut ajouter les mouvements invisibles de ces agents mystérieux qui s'exercent par les atomes infiniment petits, et qui, néanmoins, se font ressentir d'un monde à l'autre. Mais lors même que l'on ne supposerait pas dans le Soleil des forces de cette nature, le diamagnétisme établit qu'en raison de sa puissance comme source de chaleur, il excite sur les globes les actions électriques et magnétiques.

Un fait très-précieux, dont la connaissance est due à la persévérance des observations de Schwabe, confirme les assertions qui précèdent, par la solidarité qu'il établit entre les taches du Soleil et les variations de l'aiguille aimantée à la surface de la Terre. Nous avons déjà dit que ces taches ne sont pas en nombre fortuit et irrégulier, mais qu'elles varient entre un minimum et un maximum qui régulièrement se renouvellent suivant une période de 11,2 années. Or, cette période coïncide avec celle des mouvements de l'aiguille. Ces mouvements oscillent autour d'une moyenne, de manière à augmenter pendant cinq ans et à diminuer pendant un égal espace de temps. Ainsi, par exemple, les taches solaires ont offert un minimum en 1832, un maximum en 1837-38, un minimum en 1843, un maximum en 1848 et, suivant la même périodicité, un minimum en 1853 et un maximum en 1859. Or, ces maximums et ces minimums ont coïncidé avec ceux des perturbations magnétiques. On voit que, outre les oscillations diurnes qui se règlent sur le cours du Soleil, il y a encore ces grands mouvements périodiques en affinité avec les changements qui se produisent sur le corps solaire.

Le Soleil est enfin le centre de gravité de la dynamique planétaire. A quelle source intarissable ce foyer gigantesque demande-t-il l'alimentation de sa puissance? où puise-t-il les éléments de sa durée? La chaleur, la lumière, la force prodigieuse dont il est le dispensateur ne peuvent s'entretenir en lui par les modes qui président à l'entretien des mêmes forces sur la Terre. S'il n'était qu'un corps en combustion, il s'épuiserait promptement. Un globe de charbon de la même grosseur serait brûlé par l'oxygène en moins de cinq mille ans. Quelle est donc la source de cette vie étonnante? Deux observateurs, MM. Meyer et Thompson, ont récemment offert une solution qui ne manque pas de vraisemblance. Elle est basée sur la théorie de la corrélation des forces : la transformation du mouvement en chaleur. Ces physiciens nous demandent de considérer l'astre solaire comme une cible colossale, où s'exercerait incessamment l'artillerie des météores; or, en vertu de l'attraction prodigieuse du Soleil, les corps peuvent y arriver avec une vitesse de 624 kilomètres par seconde : l'arrêt brusque d'un aérolithe animé d'un pareil mouvement donnerait lieu à une quantité de chaleur égale à celle qui serait produite par la combustion de 10 000 aérolithes de charbon du même poids. Cette explication est d'une valeur réelle au point de vue mécanique ; cependant nous devons avouer qu'elle ne nous satisfait pas encore.

Mais quelle que soit la main qui préside à l'entretien de cette lampe gigantesque suspendue dans l'espace, quel que soit le procédé auquel on soit redevable de son illumination régulière et constante, ce qu'il importe pour nous de ne pas oublier, c'est que ce foyer central est la vraie source de la vie qui rayonne à la surface de la Terre. Notre planète est soumise au Soleil dans les conditions intimes de son existence, depuis les mouvements diurnes et horaires qui s'accomplissent dans le monde des plantes selon la hauteur à l'horizon de l'astre du jour, jusqu'aux transformations organiques qui s'opèrent selon le cours des saisons et des années. Sa lumière et sa chaleur sont les forces intimes de nos existences, en même temps qu'elles en constituent encore en quelque façon les apparences extérieures. A la première sont dus l'aspect des corps et les merveilles du monde des couleurs; à la seconde la force vitale qui circule dans nos veines et le calorique qui alimente non-seulement la vie naturelle, mais encore celle de l'industrie. A notre Soleil blanc, source de toute lumière, l'éclat brillant du plumage, la coloration tendre des fleurs, la verdure des prairies, la mosaïque des campagnes. A lui l'épanouissement des fleurs, la maturité des fruits, l'abondance des moissons et des vendanges. Notre Soleil, c'est un sourire éternel répandu sur le monde, et lors même que les nuages attristants viennent nous dérober son radieux visage, c'est encore à sa présence cachée que nous devons le renouvellement du jour et la perpétuité de la vie.

Cette multiplicité d'action du Soleil sur la Terre, ces bienfaits de toute nature qu'il répand sur notre globe, notre Terre n'en a pas l'unique privilége. Autour de la paternité brillante du roi Soleil gravitent dans les cieux des mondes semblables au nôtre. On ne saurait accuser de préférences capricieuses les lois et les forces de la nature : en tout et partout, elles agissent en vertu du caractère d'universalité qui appartient à leur essence même ; elles ont dû, par conséquent, sur ces mondes comme sur le nôtre, donner le jour à une vie en harmonie avec les conditions d'existence dont chacun de ces mondes est revêtu. Là comme ici, la chaleur fécondante du Soleil imprime aux éléments ce mouvement perpétuel qui préside aux transformations des êtres ; là comme ici, elle dénoue le nœud vital des germes latents et développe la sphère des existences.

Non, ce grand et admirable mouvement de l'universelle vie n'est pas confiné à la Terre que nous habitons. Sur ces mondes inconnus qui planent dans l'impalpable éther, comme dans celui qui se balance sous nos pieds, la lumière fait étinceler ses rayonnements splendides. Sur ces terres lointaines, comme sur la nôtre, elle enveloppe de sa majesté la nature vivante ; l'aurore fait succéder à la période du repos celle de l'activité et de la vie, des nuées s'élèvent du sein des mers, apportant aux campagnes la rosée qui les fertilise ; l'Océan balance d'une rive à l'autre son reflux immense ; les vents s'élèvent dans les airs, le sol fertile offre tour à tour à la main de l'homme ses fleurs et ses fruits. Si les êtres qui naissent, vivent et meurent dans ces régions cachées diffèrent de ceux que nous connaissons, par suite de la

3..

diversité infinie des combinaisons qui se croisent dans
le réseau des causes secondes, elles n'en forment pas
moins autant de berceaux d'existences. Les lois univer-
selles de la nature sont les liens qui suspendent à la
cause première de toute vie ces berceaux qui se balan-
cent dans l'étendue; le Soleil est le centre du rayonnement de la vie à travers son immense archipel, dont les
points géographiques sont marqués par les royaumes
planétaires. Il appartenait à notre époque de projeter
sur les paysages encore arides de l'Astronomie la vivante lumière de la *Pluralité des Mondes*.

Mais le Soleil est-il lui-même le séjour de la vie? Cet
astre est-il habité, soit par des êtres d'une constitution
analogue à la nôtre, soit par des êtres d'une nature toute
différente? A cette question, Arago ne craignait pas de
donner une réponse affirmative. La théorie du noyau
obscur, de l'atmosphère préservatrice intermédiaire, et
de la photosphère, témoignait, en effet, en faveur de
l'habitabilité : le Soleil devenait en quelque sorte semblable aux planètes, quant aux premières conditions
d'existence. Mais depuis la nouvelle hypothèse qui tend
à en faire un foyer incandescent, liquide et flamboyant,
nous avouons que l'imagination la plus téméraire se
trouve un peu effrayée, et n'ose plus prendre la res-
ponsabilité de pareilles existences. — Mais alors, les
étoiles ne seraient donc pas habitées non plus? — Qui
sait! Gardons-nous d'être absolus dans nos assertions.
Ce mot *habité* nous exprime, au premier abord, une
idée bien terrestre ; au fond, il est fort élastique, et
lorsqu'on s'élève aux limites du possible, on reconnaît
que certaines existences, dont la nature et le mode se-

raient complétement en dehors de tout ce que nous ima-
ginons dans le cercle de la matière, pourraient peut-
être habiter des régions en apparence inhabitables.

Comme une main puissante, l'attraction solaire soutient le système planétaire dans l'espace; la circonférence de ce système, prise à l'orbite de Neptune,
mesure 7 milliards de lieues. Cette flotte n'est pas immobile dans l'océan des cieux. L'astre qui la gouverne
traverse les espaces, gigantesque explorateur, entraî-
nant à sa suite tous ses tributaires, Terre, Lune, planètes, satellites, comètes : il nous emporte tous à travers les espaces infinis. On s'est aperçu de ce mouvement qui nous emporte, comme le voyageur, sur le navire rapide, s'aperçoit du sien par la rétrogradation du
port; comme celui qui, nonchalamment assis dans son
wagon, mesure sa vitesse par la rapidité avec laquelle
les objets de la campagne s'éloignent de lui. Si l'onde
écumante ne tourbillonne pas derrière nous dans notre
voyage stellaire, si notre route n'a pas de bornes kilo-
métriques qui la mesurent, nous avons pour campagne
le vaste ciel, et pour points de repère les étoiles. De
chaque côté de notre route, elles reculent comme les
arbres du chemin; devant nous, elles s'écartent pour
nous ouvrir un passage; derrière, elles se rapprochent
les unes des autres. Nous savons par là que nous marchons à pas de géants à travers l'espace, et que notre
destinée est de parcourir le ciel, ciel mystérieux auquel
nous aspirions jadis avec crainte, et que nous savons maintenant nous être ouvert par la nature même des choses.

Chacun sait que pour fixer les positions des étoiles
aux différents points du ciel qu'elles occupent, et pour

les bien connaître, on a tracé sur la sphère céleste des divisions arbitraires mais permanentes. Les 360 degrés de la circonférence qui passe par les pôles sont nommés degrés de déclinaison, que l'on compte par 90, au sud et au nord de l'équateur. Les 360 degrés de la circonférence de l'équateur, perpendiculaire au cercle précédent, sont appelés degrés d'ascension droite, et sont comptés à partir du point équinoxial du printemps, qui marque le commencement de l'année. On voit que par suite de ces divisions, pour connaître la position d'un astre il suffit d'indiquer par quel degré d'ascension droite et par quel degré de déclinaison il se trouve. Or, le point du ciel vers lequel se dirige actuellement notre système planétaire est situé par 264 degrés d'ascension droite et 25 degrés de déclinaison boréale. Ce point se trouve dans la ceinture d'Hercule ; c'est là que nous nous dirigeons. Le géant Hercule grandira donc encore de siècle en siècle par suite de la perspective qui nous rapproche de lui, tandis que le Lièvre, le Grand Chien, constellations opposées, subiront une diminution apparente. Le jour viendra peut-être où nous ferons partie de cette grande figure d'Hercule, dont notre Soleil sera l'une des étoiles composantes, et du fond des régions célestes quelque observateur attentif signalera l'arrivée de notre petit Soleil dans le plan fictif d'une nouvelle constellation. C'est ainsi que ces figures tracées sur la voûte étoilée par la cosmogonie antique se modifient avec les siècles par des changements de perspective ; que, ni les étoiles qui semblent dormir dans le ciel noir, ni les nébuleuses pâlissantes, ne peuvent recevoir le nom de *fixes*, dont on les qualifiait jadis ; et que, dans l'univers immense comme sur notre petit globe, le mouvement et la vie gouvernent chaque atome de matière.

Ainsi, voilà maintenant notre Soleil réduit pour nous aux proportions d'une *étoile*. C'est là, en effet, sa réalité, et le véritable aspect auquel nous devons nous arrêter. L'espace infini est peuplé d'étoiles sans nombre ; notre Soleil en est une. Des mondes obscurs circulent autour de ces étoiles ; notre Terre est l'un de ces mondes innombrables. Étoile et Soleil sont deux termes synonymes.

L'étoile de laquelle nous dépendons n'offre rien de spécialement remarquable qui puisse la distinguer des autres étoiles ses sœurs. Elle appartient à la classe des étoiles blanches, la plus nombreuse de toutes ; elle est d'une grandeur moyenne. Transportée à la distance où nous sommes de Sirius, elle ne serait plus qu'un astre de troisième grandeur. A la distance de la polaire, elle serait de quatrième. Un peu plus loin, elle deviendrait imperceptible et se perdrait dans les champs de l'invisible. Ainsi s'altèrent les grandeurs qui nous surpassent le plus, lorsque nous les regardons en face de l'infini ; bientôt notre monde avec tout ce qui lui appartient s'efface et disparaît. Mais un fait opposé se manifeste et se développe en même temps : c'est que l'infini, qui tout à l'heure nous paraissait parsemé de points brillants insaisissables, devient une demeure immense, spacieuse et sans bornes, où mille soleils planent dans la gloire, entourés de la famille brillante dont ils soutiennent avec amour la beauté, l'opulence et la vie.

Décembre 1864.

L'ASTRONOMIE

EN

1863 ET 1864.

L'ASTRONOMIE

EN

1863 ET 1864.

« Qu'y a-t-il de neuf dans le ciel? Si je réponds : Il y a des nuages, on ne trouve pas à cela grand'chose de nouveau. » C'est par ces paroles que M. Babinet ouvrait sa dernière causerie sur l'Astronomie en 1861 et 1862 (*). Sans doute, si l'on s'occupe seulement du ciel vulgaire, de ce ciel bleu qui n'est autre que notre atmosphère, on ne peut s'aventurer bien loin dans les voyages de la Météorologie, et, comme les courants aériens, on tourne à peu près dans les mêmes cercles. Mais si, au delà de ce duvet gazeux qui enveloppe notre petit globe, on observe le véritable ciel, le ciel des étoiles et des mondes, on remarque que d'une part bien des changements s'opèrent dans cette immensité, et que d'autre part les conquêtes de l'Astronomie, malgré leur nécessaire lenteur, offrent à l'esprit humain des panoramas dignes de sa contemplation. Voyons, par exemple, dans un coup d'œil rétrospectif, ce que le trésor d'Uranie a gagné pendant ces dernières années.

(*) Tome VII de ses *Études et Lectures sur les Sciences d'observation et leurs applications pratiques.* In-12. (Chez Gauthier-Villars.) Chaque vol. se vend séparément 2 fr. 5o c.

I.

PETITES PLANÈTES.

La mine céleste que Piazzi découvrit au commencement du siècle, entre Mars et Jupiter, paraît vraiment inépuisable. Chaque année y fait apparaître de nouvelles richesses, à ce point que le nom de *planète* est singulièrement déprécié depuis vingt ans, et qu'il a peu à peu perdu le prestige sacré qui l'enveloppait jadis. On sait quel mauvais accueil reçut Kepler lorsqu'il imagina une planète pour remplir l'intervalle insolite qui existe entre Mars et Jupiter ; il n'est pas jusqu'aux considérations les plus frivoles, les plus dénuées de sens, qu'on ne lui ait opposées, par exemple celle de Sizzi : « Il n'y a que sept ouvertures dans la tête, disait ce Florentin, les deux yeux, les deux oreilles, les deux narines et la bouche ; il n'y a que sept métaux, il n'y a que sept jours dans la semaine, donc il n'y a que sept planètes. » Des considérations de ce genre et d'autres non moins imaginaires arrêtèrent souvent les progrès de l'Astronomie. On a reproché à Kepler de s'être quelquefois laissé dominer par elles ; mais on n'a pas assez songé à la nécessité où était ce grand homme de ne point mépriser les erreurs que partageaient les puissants du jour : l'Astronomie alors ne nourrissait pas ses enfants, elle les obligeait à demander le pain de chaque jour à cette astrologie riche et toute-puissante. Fort heureusement les temps ont changé, et avec eux les idées des hommes.

Nous disions donc que le titre sacré de *planète* a suivi le cours général des choses et nous est devenu beaucoup plus familier que jamais. Après la découverte de Cérès par Piazzi, le 1er janvier 1801, le Dr Olbers, recherchant cette planète que l'on n'avait pu observer que pendant six semaines, et qui menaçait d'être perdue, en trouva une autre, à la laquelle on refusa tout d'abord le nom de *planète*. Mais l'esprit s'y habitua insensiblement, et Pallas fut inscrite à côté de Cérès. Trois ans plus tard, Harding trouva Junon, et, en 1807, Olbers fit sa seconde découverte et donna Vesta pour compagne à Pallas. Dès lors les prévisions de Kepler, de Lambert, de Titius furent surabondamment confirmées.

L'Astronomie se reposa trente-huit ans; puis elle se remit à l'œuvre et s'enrichit, dans ce même ordre de faits, de découvertes sans nombre. On sait que s'il y eut un si grand laps de temps entre la découverte de Vesta et celle d'Astrée, en 1845, la cause en est, d'abord à l'exiguïté des petites planètes, qui sont toutes au-dessous de Vesta, de Cérès et de Pallas, et qui ne s'élèvent guère qu'à la 9e grandeur, ensuite à l'absence de bonnes cartes célestes, qui sont devenues beaucoup plus étendues et plus exactes que celles de nos prédécesseurs. Depuis vingt ans, grâce aux travaux d'observateurs infatigables, tels que MM. Goldschmidt, Hind, Luther, de Gasparis, Chacornac, Pogson, Fergusson, etc., les observations se sont accumulées, et nous comptons aujourd'hui (mars 1866) *quatre-vingt-*

six corps planétaires dans une zone qui s'est élargie au point de mesurer actuellement de 80 à 100 millions de lieues de large (plus du double de la distance d'ici au Soleil). De tous ces astéroïdes, le plus volumineux (Vesta) ne mesure que 52 lieues de rayon, et le plus petit 3 lieues seulement; ce sont des mondes microscopiques, des fragments planétaires, qui peut-être même n'ont pas tous la forme sphéroïdale (*).

L'année 1863 ne fut pas moins fertile que les précédentes en découvertes de petites planètes; tandis que les années 1861 et 1862 avaient porté leur nombre de 63 à 75, nous avons eu cette année quatre nouveaux corps célestes à enregistrer dans nos catalogues.

La 75ᵉ du groupe, découverte par M. C.-H.-F. Peters, directeur de l'Observatoire américain de Hamilton College, à Clinton, le 22 septembre 1862, a reçu le nom d'*Eurydice*. Ce que le divin Orphée, son époux, n'avait pu faire, malgré le grand amour qu'il lui portait, Uranie l'a fait, et Eurydice a revu le jour pour vivre désormais immortelle.

La planète 76ᵉ a reçu le nom de *Freya*, la Vénus scandinave, sur la proposition de M. d'Arrest, auteur de la découverte.

M. Peters a trouvé une seconde planète, la 77ᵉ du groupe. Il l'avait remarquée dès le 12 novembre de l'année 1862; mais le mauvais temps ne lui avait pas permis d'en faire plus de deux observations : le 15 et le 24. Avant le 12, elle avait été stationnaire, et elle commençait déjà à accélérer sa marche. Elle était d'ailleurs de la 12ᵉ grandeur. En mémoire des régions hyperboréennes où cette récente découverte venait

(*) *Voir* la Note VII à la fin du volume.

d'être faite, cette planète reçut le nom de *Frigga*, autre divinité scandinave. On confond souvent celle-ci avec la première; mais Freya était fille de Niord et femme d'Odour, tandis que Frigga était fille de Fiorgin et femme d'Odin. Frigga était une Parque qui connaissait l'avenir, mais ne le révélait à personne (!). C'est d'elle que le vendredi, qui lui était consacré chez les peuples du Nord, tire son nom (*Freytag* en allemand, *Friday* en anglais).

Le 15 mars 1863, M. R. Luther, directeur de l'Observatoire de Bilk, près Dusseldorf, trouva un nouvel astéroïde, par 180° 12' d'ascension droite et 7° 20' de déclinaison australe. Cet astéroïde était de 10ᵉ grandeur. Il lui donna le nom de *Diane*, divinité classique bien connue de nos races gréco-latines, et cependant oubliée jusqu'alors.

Cette planète est la 78ᵉ.

La 79ᵉ planète a été trouvée à l'Observatoire de Ann-Arbor (Amérique du Nord), par M. James Watson, directeur. Elle a été découverte dans la nuit du 14 au 15 septembre, par 15° 0' d'ascension droite et 9° 56' de déclinaison boréale. Cet astéroïde était de 10ᵉ grandeur.

Cette planète a reçu le nom d'*Eurynome*, l'une des Océanides, mère des Grâces. C'est en son honneur que les fêtes grecques nommées Eurynomies étaient célébrées.

L'année 1864 n'a pas été aussi riche que les précédentes en découvertes astronomiques. Le nombre des petites planètes s'est peu accru; la progression remarquable qui s'était manifestée pendant les années

précédentes dans la découverte de ces corps télescopiques situés entre Mars et Jupiter ne pouvait, du
reste, se continuer indéfiniment. Les découvertes faites
ne sont plus à faire, et s'il est un écueil devant lequel
peuvent facilement échouer les chercheurs, c'est de
prendre pour une planète nouvelle l'une des quatre-
vingts anciennes, dont quelques-unes échappent de
temps à autre à l'assiduité des observateurs. C'est ce
qui arriva notamment à la fin de 1863.

Le 2 février, M. Pogson apercevait à Madras une petite planète qu'il crut d'abord être Concordia. Les discordances qui se manifestèrent entre les positions observées de la nouvelle planète et les positions calculées
de Concordia montrèrent bientôt qu'il y avait là deux
astres distincts. Galathée ne pouvait pas non plus être
confondue avec la planète à laquelle M. Pogson, dans
la persuasion d'une nouvelle découverte, donna le nom
de *Sapho*.

Cependant M. Luther se mit à chercher s'il n'y avait
pas d'autres petites planètes que Concordia et Galathée
qui fussent à cette époque situées dans la région où la
nouvelle avait été observée. Calculant une nouvelle
éphéméride de Freya, il trouva que cette planète, à peu
près perdue depuis quelque temps, se trouvait alors
dans une position peu différente.

Au mois d'avril enfin M. de Littrow, envoyant de
Vienne une nouvelle éphéméride de Freya calculée par
M. Weiss, écrivit qu'il ne doutait plus que cette pla-
nète et la nouvelle ne fussent un seul et même astre.

Malgré ces difficultés, M. Pogson continua d'explorer
minutieusement les champs du ciel, et, le 3 mai, il

trouvait une planète véritablement nouvelle par 16^h 12^m d'ascension droite et 16° 47' de déclinaison australe. L'astre était de 10e grandeur, et brillait au milieu des petites étoiles du Scorpion. On garda à cette planète le nom de *Sapho*. C'est la 80e.

Sur le temps de rotation des petites planètes entre Mars et Jupiter. — Les changements d'éclat qu'on a souvent remarqués sur les petites planètes, à des intervalles très-courts, sont peut-être soumis à une loi de variation régulière. Telle est l'idée qui a porté M. Goldschmidt à chercher si ces variations d'éclat ne pourraient pas amener à découvrir le temps de rotation de ces planètes. Dès les mois de janvier et février 1859, sans cette préoccupation toutefois, cet astronome avait observé Palès, et avait reconnu un maximum d'éclat à des heures fixes où la planète n'avait pas encore atteint sa culmination, et où elle aurait dû être moins lumineuse. D'après ces observations, il y aurait des probabilités en faveur de la rotation de Palès, et ces probabilités indiqueraient pour cette rotation une période de vingt-quatre heures.

Il serait intéressant de constater si les planètes situées entre Mars et Jupiter ont une rotation de même durée que les quatre planètes qui les précèdent : Mercure, Vénus, la Terre et Mars, la moyenne de la durée du jour sur ces mondes étant à peu près de vingt-quatre heures. Si c'était une loi reconnue, elle aurait son importance dans les éléments du système solaire. Le premier résultat de cette constatation serait de ramener à un accord général les inégalités des phases de ces planètes et de faciliter les comparaisons. M. Goldschmidt conseille l'observation des phases de Palès avant et après son maximum d'éclat; les changements d'éclat sont plus faciles à déterminer quand la planète est dans la période de moindre illumination, à la 12ᵉ grandeur ou à la limite de visibilité. C'est là un nouvel ordre de recherches, assez minutieuses, il est vrai, mais pleines d'intérêt pour les observateurs.

II.

COMÈTES.

Si la zone des petites planètes est limitée à 100 millions de lieues, il n'en est pas de même des comètes, dont Kepler a dit qu'elles sont aussi nombreuses que les poissons de l'Océan. Le nombre des comètes nouvellement inscrites aux annales de l'Astronomie étant fort respectable, nous fixerons l'époque du passage de ces astres errants au périhélie.

L'année 1861 nous avait donné trois comètes; l'année 1862 nous en avait fourni un même nombre; l'an 1863 nous en a donné six.

La comète I de 1863 a été découverte le 1ᵉʳ décembre 1862 par M. C. Bruhns, directeur de l'Observatoire de Leipzig.

Son passage au périhélie a eu lieu le 3,52837 février

1863. Un calcul téméraire lui a donné 2 millions d'années pour période. Il nous sera sans doute difficile de constater son retour.

Son mouvement était direct.

La comète II de 1863 a été découverte à l'Observatoire de Gœttingue par M. Klinkerfues, directeur, le 16 avril à 2 heures du matin, par $20^h 32^m$ d'ascension droite et 5° 33' de déclinaison boréale. Son noyau était entouré d'une large nébulosité. On l'a observée jusqu'au mois de septembre; elle s'est approchée de nous à 2 millions de lieues seulement, et a promis aux Allemands de revenir vers l'an 2863.

Son passage au périhélie a eu lieu le 1er avril.

Son mouvement était rétrograde.

Dans ce même mois d'avril, M. Respighi, directeur de l'Observatoire de Bologne, a découvert la IIIe comète de 1863. Elle avait été vue dès le 13, à $14^h 30^m$, dans la constellation de Pégase; mais les nuages qui la couvrirent subitement et l'état du ciel pendant les jours suivants empêchèrent de la suivre. Elle fut de cette sorte classée, par ordre de date, après celle de M. Klinkerfues. Cette comète a présenté un noyau bien distinct, dont l'éclat était égal à celui d'une étoile de 6e grandeur; sa queue, bien prononcée, avait atteint une longueur de 2 degrés, et se développait en cône parabolique. Elle était par moments traversée de mouvements ondulatoires analogues à ceux de l'aurore boréale. Une légère émanation de matière nébuleuse s'en échappait du côté du Soleil.

Elle passa au périhélie le 20,95359 avril.

Mouvement direct.

La comète IV de 1863 a été découverte par M. C. Bruhns, le savant observateur de Leipzig, qui nous avait déjà donné la première de cette année. Le 9 octobre, M. Bruhns l'avait prise pour une faible nébuleuse; mais il reconnut bientôt que cet objet avait un mouvement propre, en raison de 1 degré par jour en ascension droite et de $0°,5$ en déclinaison australe.

Passage au périhélie le 29,39535 décembre.

Mouvement direct.

Le 5 novembre, à 5 heures du matin, M. Tempel, astronome adjoint à l'Observatoire de Marseille, découvrit une nouvelle comète par $173°14'$ d'ascension droite et 10 degrés de déclinaison australe. La queue de cette comète mesurait 2 degrés, et son noyau était de 4e grandeur. On pouvait la distinguer à l'œil nu dans la constellation de la Coupe, un peu au-dessous de la queue de l'Hydre.

Son passage au périhélie s'effectua le 9,37211 novembre.

Son mouvement était direct.

C'est le 28 décembre 1863 que M. Respighi, directeur de l'Observatoire de Bologne, trouva la première comète de 1864 par $18^h 49^m$ d'ascension droite et $25°57'$ de déclinaison boréale, entre la constellation de la Lyre et celle d'Hercule. La nébulosité était concentrée au centre et accompagnée d'une faible queue de 39 minutes environ. Voici la dépêche de M. Respighi, dans laquelle il nous donna les éléments approximatifs de l'orbite de cette comète :

« *Observatoire de Bologne,* 4 janvier. — L'état du

ciel ne m'a pas permis d'observer la comète depuis le 30 décembre. J'ai dû profiter des observations des 28, 29 et 30 décembre, quoiqu'elles soient trop voisines, pour calculer les éléments de son orbite parabolique. »

Son passage au périhélie eut lieu le 7,57906 janvier 1864.

Son mouvement était direct.

Cette même comète était découverte à Nauen, près Berlin, le 1er janvier, par M. Bæcker, et à Ann-Arbor (États-Unis), par M. James Watson, le 9 du même mois. Ainsi, grâce aux yeux des astronomes, toujours ouverts sur la conduite du ciel, rien ne reste inaperçu; les consciences pures peuvent dormir tranquilles.

Des calculs faits sur une plus longue série d'observations modifient sensiblement les éléments du premier calcul. Son passage au périhélie s'était en réalité effectué dès le 26,5814 décembre 1863.

Ces éléments montrent que le passage de la comète au périhélie eut lieu le 26 décembre 1863, et non en 1864; il en résulte que son numéro d'ordre est VI, 1863, et non I, 1864.

À ce propos nous observerons, avec M. Donati, qu'il serait bon de ne pas imprimer de numéro à la dénomination d'une comète avant que l'année soit à peu près écoulée, afin de n'avoir pas à modifier si souvent ces nombres, et de ne pas être exposé à prendre une comète pour une autre. Le seul et véritable numéro d'ordre d'une comète est celui de son passage au périhélie.

Comète I, 1864. — La première comète de 1864 a été découverte le 9 septembre, à Florence, par M. Do-

nati, dont le nom célèbre est désormais attaché à celui
de ces astres mystérieux. Cette comète serait la troisième
par ordre de date, car le 5 juillet M. Tempel en avait
déjà trouvé une première, et le 23 juillet M. Donati
lui-même en avait découvert une seconde. Cependant,
dans l'ordre astronomique du passage de ces astres
vers la Terre, celle-ci doit être inscrite en première
ligne.

L'orbite déterminée par M. Donati, à l'aide de ses
observations, établit que le passage au périhélie eut lieu
le 29,6718 juillet 1864.

Comète II, 1864. — La seconde comète de 1864 a
été découverte, comme nous l'avons dit, avant la précédente. C'était le 5 juillet; elle était située par $2^h 57^m$
d'ascension droite et 18° 12' de déclinaison boréale. Le
12 juillet, M. Bruhns disait, en parlant d'elle : « J'ai
rencontré hier matin (admirons, en passant, l'expression)
la nouvelle comète de M. Tempel. Elle est assez faible,
parce qu'elle ne se montre que le matin quand le crépuscule est déjà très-avancé. » C'est la même cause qui
a empêché jusqu'ici de retrouver la comète périodique
de d'Arrest. La comète s'approchait rapidement de la
Terre.

Les éléments primitivement obtenus étaient peu sûrs,
à cause du mouvement géocentrique extrêmement lent.
Les derniers calculés indiquent son passage au périhélie comme s'étant effectué le 15,533685 août 1864.

Comète III, 1864. — La comète que nous inscrivons
sous ce numéro est celle que M. Donati découvrit à

Florence le 23 juillet, et qui jusqu'ici a été nommée comète II, de même que la précédente est restée comète I. L'état du ciel permit d'en faire des observations suivies à partir du 27. Le 3 août, elle avait une queue de 15 minutes et présentait à son centre un petit point assez lumineux. Elle était visible dans la Chevelure de Bérénice. Cette comète et la précédente furent examinées au spectroscope. En comparant les spectres cométaires aux spectres d'autres sources lumineuses, on pourra sans doute parvenir à quelques notions sur la nature si mystérieuse de ces astres. Quel ne serait pas l'intérêt de pareilles analyses, si l'on arrivait un jour à discerner les éléments constitutifs de ces vapeurs inconnues?

Passage au périhélie 11,3343 octobre 1864.

La comète s'éloignait rapidement de la Terre et fut bientôt perdue pour les observateurs de l'hémisphère boréal.

On a souvent émis l'hypothèse que les queues des comètes pouvaient dévier du plan de l'orbite. Nous ne clorons pas cette revue des comètes de 1863 et 1864 sans parler des observations de M. Valz, directeur de l'Observatoire de Marseille, sur ce sujet.

Cet astronome avait annoncé à l'Académie que la Terre venant à traverser les plans des orbites des dernières comètes, les circonstances seraient favorables pour reconnaître si leurs queues n'offriraient pas quelque déviation hors du plan de l'orbite; il a présenté dans la séance du 9 mai le résultat des observations faites sur les comètes IV et V de 1863.

Il résulte des observations de M. Valz, de celles faites

sur son invitation par M. Tempel, à Marseille, et par M. Bulard, à Alger, et de celles de M. Krüger, à Helsingfors, qu'il y a eu déviation manifeste hors de l'orbite par les queues des comètes IV et V de 1863. Pour la première, le nœud ascendant était en $105°1'24''$, et la Terre s'est trouvée dans le plan de l'orbite le 5 janvier à $13^h2^m20^s$. L'ascension droite et la déclinaison de la comète étaient alors de $18^h13^m19^s$ et de $32°36'13''$; celles du Soleil, de $19^h5^m14^s$ et de $-22°36'27$. S'il n'y avait pas de déviation de la queue, elle se trouverait comprise dans le grand cercle passant par le Soleil et la comète, et pour en connaître la direction il faudrait résoudre le triangle au pôle, au Soleil et à la comète. Ce triangle donne l'angle de direction $= 345°37'$, tandis que l'angle de direction de la comète $= 347°6'$. Il y a une différence de $1°29'$. On trouve, pour la seconde comète, une différence de 33 minutes.

M. Valz avait déjà trouvé une déviation dans les queues de deux comètes anciennes, les seules sur lesquelles il avait eu des données suffisantes pour ces sortes de déterminations. Il est avéré par là que cette déviation est réelle pour les quatre comètes que l'on a pu étudier à ce point de vue. C'est une raison, ajoute l'auteur, pour moins négliger à l'avenir l'observation des queues lors du passage de la Terre par les plans des orbites, afin de reconnaître si cette déviation a toujours lieu, comme il paraîtrait, d'après celles qui ont pu être calculées.

Disons un mot, en terminant, des observations du P. Secchi sur la grande comète de 1861.

Dans son Mémoire sur la constitution physique de

la comète de Halley, Bessel avait écrit : « Les différentes apparences que présentent les comètes, leur noyau, leur nébulosité, leur queue, peuvent fournir aux astronomes munis de puissants instruments le sujet d'intéressantes recherches, qui agrandiraient le cercle de nos connaissances relatives à la physique du ciel. » C'est cette idée féconde qui a été le mobile principal du P. Secchi dans ses observations des comètes de 1861 et 1862, observations quotidiennes faites avec le plus grand soin, et qui ne laissent aucune lacune dans l'étude permanente de ces comètes pendant toute la durée de leur visibilité.

La grande comète de 1861 apparut sur notre hémisphère dans la soirée du 3o juin. Cette apparition fut subite, et, ce jour même, la comète était à sa plus petite distance de la Terre. Son passage au périhélie ayant eu lieu le 11, elle s'éloignait alors à grande vitesse. Ce jour, le 3o, on la vit à Rome, à Greenwich, à Paris, et nulle station de notre hémisphère ne fut privilégiée. Son abaissement au-dessus de l'horizon était tel, que plusieurs personnes l'avaient prise pour la lueur d'un incendie, et que le capitaine du port de Civita-Vecchia croyait voir en elle le commencement d'une aurore boréale. Sa longueur était immense, et l'on peut suivre, sur la carte représentative des apparences successives de la comète, la trace de sa queue, sur la ligne même des colures, depuis la constellation du Cocher, par la Polaire, le Dragon et la Lyre, jusqu'au delà de l'Aigle. Deux jours après, le 2 juillet au soir, elle s'était élevée vers Hercule, avait traversé latéralement la Petite Ourse, et s'étendait alors du Lynx jusqu'à Ophiuchus.

On l'avait observée dans l'hémisphère austral long-temps avant son apparition dans le nôtre. Ainsi, du 11 au 18 juin, M. Liais l'avait suivie au Brésil; sa queue mesurait alors 40 degrés, à travers la constellation du Lièvre. Le P. Cappelletti l'avait déjà vue à Santiago, au Chili, le 4 du même mois. Il est, en effet, facile de reconnaître qu'en raison de la position de la Terre à la fin de juin et de celle de la comète, celle-ci ne pouvait être, le soir, en vue de notre hémisphère qu'après le mois solsticial.

L'aspect de la comète varia extraordinairement du premier au dernier jour de juillet, seul mois d'observations. Le premier, elle se présente sous la forme d'un éventail presque régulier, engendré à l'ouest du noyau; une queue immense l'accompagne à l'opposite. Le lendemain au matin, une aigrette vive et haute la couronne. Le 3, elle paraît enveloppée de nébulosités en forme de nuages distribués en zones concentriques. Le 5, aucun rayon ne s'échappe du noyau; ni éventail, ni aigrette, ni panache; on croirait voir un triangle sphérique marqué seulement à l'un de ses angles par un cercle blanc. A mesure qu'elle s'éloigne, les détails disparaissent. Le 13, elle ressemblait à la silhouette d'une chauve-souris blanchâtre, traînant un peu de fumée derrière elle. Le 22, ce n'était plus qu'un point enveloppé de nuages.

La comète avait deux queues au dernier jour de son apparition dans l'hémisphère austral; ces deux queues se confondirent en une seule le 30 juin, jour où la comète passa par le plan de l'orbite de la Terre.

Un fait intéressant, c'est la rencontre de la Terre avec

la comète. La grandeur apparente de la queue dépendait de sa distance à la Terre, laquelle fut à son minimum le soir du 30 juin. Ce jour, sa distance était égale à 0,132, c'est-à-dire au huitième du rayon de l'orbite terrestre, environ 11 millions de milles. Par suite de la combinaison singulière que présentait l'intersection du plan de l'orbite de la comète avec le plan de l'orbite terrestre, la comète avait passé, le 28, à 5 heures du soir, au point où la Terre passa un jour après, le 30, à 9 heures du soir. Dans l'opinion de l'astronome romain, les deux astres étaient éloignés l'un de l'autre de 20 heures, et un observateur placé sur le Soleil aurait pu voir les deux corps extrêmement rapprochés. Le mouvement rapide de la comète, à partir de cette époque, est une conséquence de son voisinage; mais ce mouvement est loin d'être extraordinaire, puisqu'elle ne s'avançait encore que de 10 degrés par jour, tandis que la comète de 1472 avait, comme on sait, parcouru 120 degrés en vingt-quatre heures.

Connaissant la distance et la longueur apparente, il est facile de déterminer la grandeur réelle de la comète. Lorsque la comète avait deux queues, la plus petite mesurait 9 millions de milles, la plus grande 20 millions; le diamètre de celle-ci était de 622000 milles. (Le mille romain valant 1753 mètres, on voit que la queue principale mesurait 35060000 kilomètres, ou 8700000 lieues.) Si la queue des comètes n'était pas constamment opposée au Soleil, il est visible que, dans la journée du 30 juin, la Terre aurait pu être trouvée englobée dans cette nébulosité caudale. Mais lors même que ce phénomène se serait produit, M. Babinet, dont l'autorité n'est pas contestée, nous assure que personne ne s'en serait aperçu.

Le noyau de la comète mesurait 548 milles le 1er juillet à 9 heures du matin, 349 le même jour à 9 heures du soir, et 247 le lendemain à 10 heures du soir. On voit avec quelle rapidité l'étendue réelle de ce noyau diminua en un jour. Le P. Secchi en cherche la cause dans le refroidissement subi par la comète à mesure qu'elle s'éloignait du Soleil.

Nous ne mettrions pas de terme à cette Notice si nous voulions présenter les détails exposés par le savant astronome. La comète principale de 1862 offrit une diversité d'apparences plus grande encore. Le 20 août, elle offrait deux queues s'entre-croisant à un tiers de leur longueur; le 23, elles s'étaient écartées; le 25, une nébulosité remplissait l'espace qui les séparait. Du 26 juillet au 12 septembre, l'astre revêtit toutes les formes imaginables. Ces modifications profondes et rapides seraient suffisantes pour indiquer l'extrême ténuité de ces astres, lors même que l'observation de leur mouvement ne l'indiquerait pas.

D'après ces observations du P. Secchi, et d'après les dessins qu'il nous a communiqués, il résulterait que la comète et la Terre se seraient presque coudoyées dans leur mouvement rapide, sans toutefois se toucher tout à fait. Mais des observations faites dans l'hémisphère austral par M. Liais ont donné à cet astronome la persuasion que les deux astres se sont réellement rencontrés le 29 juin. Deux astronomes habiles, M. Valz, à Marseille, M. Hind, à Londres, remarquèrent de leur côté que notre globe avait dû passer dans la queue de la comète. Plusieurs observateurs en Angleterre notèrent, dans la soirée du 3o, une sorte de phosphorescence dans le ciel, offrant la teinte jaunâtre de l'aurore boréale, et l'attribuèrent à la présence de la comète. Le directeur de l'Observatoire du Brésil calcula directement les positions du mouvement de la comète (*). Il résulte de ce calcul que l'axe de la seconde queue de la comète a coupé l'orbite même de la Terre le 3o juin à 6^{h}12^{m}10^s (temps moyen de Rio de Janeiro, situé à 2^{h}52^{m}0^s longitude ouest de Greenwich). En cet instant, la distance de la comète au point d'intersection de l'orbite terrestre et de l'axe de sa queue était égale à la fraction 0,1322461 de la distance de la Terre au Soleil. M. Liais déduisit de ses propres observations que la longueur de la seconde queue était égale à la fraction 0,1614417 de la distance de la Terre au Soleil. Cette longueur était donc supérieure de plus de 1 million de lieues à la distance de la comète à l'intersection de l'orbite terrestre et de l'axe de sa queue. Donc l'orbite terrestre traversait réellement cette dernière. Maintenant, la largeur de la queue de la comète était égale à la fraction 0,0233452 de la distance de la Terre au Soleil, c'est-à-dire à 878 000 lieues, et la demi-largeur à 439 000. La distance de la Terre à l'axe de la queue était de 329 000 lieues. Cette distance était donc inférieure de 110 000 lieues à la demi-largeur de la queue. Il en résulte qu'à cet instant l'appendice de la comète renfermait la Terre, qui *était plongée dans son intérieur à une profondeur de 110 000 lieues.* D'après la vitesse de son mouvement, notre globe devait être entré dans la queue depuis quatre heures environ.

(*) *Voir* la Note VIII à la fin du volume.

Les dessins publiés par M. Liais, dans son beau livre sur l'*Espace céleste*, illustrent avantageusement ces calculs, et indiquent clairement la position de notre globe dans la queue de la comète le 29 juin 1861.

La Lune était à son dernier quartier au moment du passage. Elle se trouvait donc en avant de la Terre, à très-peu près dans la direction même de cette dernière à l'axe de la queue de la comète, et elle était plus rapprochée de cet axe que la Terre de toute sa distance à notre globe. Elle a par conséquent pénétré dans la queue plus profondément encore que ce dernier, mais elle ne l'a pas non plus traversée par son milieu.

Nous reverrons probablement cette grande comète au mois de décembre 2280.

III.

ÉCLIPSES.

L'éclipse du 1er juin 1863. — Il y a longtemps qu'une éclipse totale de Lune ne s'était accomplie en des conditions aussi favorables que celle du 1er juin 1863; et nous attendrons longtemps avant d'en pouvoir observer une semblable.

Nous avons eu l'avantage d'étudier les phases de cette éclipse en compagnie de notre célèbre ami M. Goldschmidt (*); nous les résumerons ici, et nous leur ajouterons les considérations que cette même éclipse a suggérées à M. Babinet, sur des points importants de la physique du globe.

On a pu remarquer que le disque lunaire est resté constamment visible, quoique son occultation totale ait duré plus d'une heure (de 11^h3^m à 0^h9^m), et qu'il présentât pendant cet intervalle une coloration rouge diffuse.

C'est peut-être ici le lieu de rappeler l'explication émise par Arago : que les dimensions géométriques du cône d'ombre projeté par la Terre sont purement théoriques ; que l'atmosphère terrestre fait irrégulièrement subir, suivant son état météorique, une réfraction très-sensible aux rayons solaires, et les amène, fortement déviés, dans le sommet du cône d'ombre, c'est-à-dire sur le globe même de la Lune. Quoique cette explication ait été révoquée en doute par des astronomes justement célèbres, par William Herschel, par exemple, elle est néanmoins la seule admissible dans l'état actuel de nos connaissances, et, de plus, elle rend compte de tous les faits observés. Il est inutile de rappeler que la lumière cendrée ne saurait être invoquée ici, puisque l'hémisphère que la Terre présente alors à la Lune est précisément son hémisphère obscur. Mais

(*) L'habile et infatigable astronome a dû quitter Paris depuis cette époque, à cause de la difficile visibilité des astres du fond de notre atmosphère brumeuse. Il s'est retiré à Fontaibleau, où il a déjà enrichi l'Astronomie de savantes observations sur les nébuleuses et les étoiles variables.

uné autre hypothèse plus ancienne est celle qui attribue ce phénomène à un état d'illumination propre à l'astre lunaire. Que les planètes et les satellites soient autant de foyers émettant dans l'espace un rayonnement lumineux, aussi bien qu'un rayonnement calorifique, c'est un problème encore irrésolu, et que nous ne nous permettrons pas de trancher ici, quoique notre opinion soit pour l'affirmative. Mais cette seule théorie n'est pas suffisante dans la question qui nous occupe, puisque, d'une part, ce rayonnement lumineux, s'il existe, est et a toujours été à peine sensible à notre vue, et que, d'autre part, les annales de l'Astronomie ont enregistré un grand nombre d'exemples de la disparition complète de la Lune éclipsée, notamment lors de la grande éclipse du 25 avril 1642, décrite par le célèbre sélénographe Hévélius.

La coloration rougeâtre du satellite vient, de plus, à l'appui de l'opinion précitée : les rayons qui traversent les couches inférieures de notre atmosphère revêtent constamment la teinte rouge, comme on peut l'observer au lever et au coucher du Soleil et de la Lune; ils doivent, par conséquent, porter la même nuance à la surface lunaire lorsqu'ils viennent aborder sur elle; or, c'est précisément ce que l'on observe. La nuance bleuâtre des formes du croissant, décrite pour la première fois par Beer et Mædler, à l'occasion de l'éclipse du 28 décembre 1833, a pu, de la même manière, être observée pendant la dernière éclipse. On sait que cette faible nuance est une pure illusion d'optique, et que si les régions situées sur les bords de l'ombre paraissent légèrement teintées de bleu verdâtre, cette apparence résulte du contraste de l'illumination blanche des parties éclairées à côté du rouge des parties obscures.

On a pu remarquer aussi que la surface de la Lune n'offre pas une teinte uniforme dans ses diverses régions, et que, pendant l'éclipse totale, certaines parties étaient plus obscures, d'autres plus claires, d'autres affectées de colorations locales. C'est une nouvelle preuve que la diversité d'apparence des régions lunaires, selon leur position sélénographique, n'est pas un effet des phases, et ne provient pas seulement de l'illumination solaire, dont l'action diffère suivant le pouvoir absorbant du sol éclairé, et dont le reflet varie pour nous suivant les positions et les accidents orographiques du terrain, mais qu'elle est inhérente, au contraire, à la constitution intime de notre satellite et à l'état réel de sa surface.

L'obscurcissement du disque lunaire a parsemé le ciel d'étoiles, et peu de nuits sont aussi riches que celles occasionnées momentanément par l'occultation de la Lune, attendu que les nuits les plus sereines et les plus pures coïncident souvent avec l'époque de la pleine Lune, dont la lumière efface celle des étoiles, depuis la 4ᵉ grandeur. Pendant cet obscurcissement, nous avons eu l'occasion d'observer quelques petites étoiles de 9ᵉ à 10ᵉ grandeur, rendues visibles par l'éclipse, qui suivaient la tangente du disque sombre. Elles paraissaient autant de *petits météores en mouvement* vers les montagnes de la Lune, successivement cachés et découverts par les échancrures du bord oriental.

M. Tempel, astronome attaché à l'Observatoire de Marseille, a examiné l'éclipse de son côté, avec une bonne lunette achromatique. La remarque la plus digne d'attention, qui confirme celles que nous avons signalées plus haut, c'est qu'on distinguait parfaitement sur le disque de l'astre occulté des nuances grise, verdâtre, rouge et même blanche. Les circonvallations et chaînes de montagnes se dessinaient nettement et prenaient une teinte sanguinolente. Les teintes et l'éclat de l'astre changeaient d'ailleurs à vue d'œil. On a également remarqué des points plus lumineux, qu'on appelait anciennement des *trous à la Lune.* Notre original collègue, M. Charles Emmanuel, a signalé entre autres le sommet du mont Aristarque.

Pendant l'éclipse, M. Babinet a observé certaines particularités remarquables. Le phénomène qui fixa plus spécialement son attention fut celui-ci : au moment où la Lune se dégageait de l'ombre de la Terre, et où se formait un croissant dont la largeur, mesurée perpendiculairement à la ligne des cornes, était égale au quart du demi-diamètre de la Lune, c'est-à-dire d'environ 4 minutes, on a pu voir très-nettement que la moitié orientale du croissant était seule illuminée, tandis que la moitié occidentale était encore dans l'ombre. C'était un peu après minuit, et le phénomène a persisté assez longtemps pour ne pas laisser de doute qu'à la fin de l'éclipse l'ombre de la Terre s'étendait plus loin du côté occidental du méridien de Paris que du côté oriental. C'est ce phénomène qu'il s'agissait d'expliquer.

Nous ne pouvons mieux faire que de terminer notre

relation par les intéressantes remarques du savant aca-
démicien :

« On se rendra facilement raison de cet effet singu-
lier, si l'on remarque que la réfraction de l'atmosphère,
qui est de 35 minutes pour les rayons qui nous arrivent de l'horizon, est de 70 minutes pour les rayons
solaires qui viennent raser la surface de la Terre et
qui traversent de nouveau l'atmosphère pour ressortir
derrière la Terre. L'illumination de l'atmosphère diminue donc l'ombre de la Terre de plus de deux fois le
diamètre de la Lune. Ces rayons infléchis sont aussi les
premiers que rencontre la Lune à sa sortie de l'ombre,
et ce sont eux qui déterminent le premier croissant
qui naît alors.

» L'inflexion que produit l'atmosphère est, disons-
nous, de 70 minutes pour des rayons qui rasent la
Terre et qui traversent une atmosphère dont la pression est de 76 centimètres de mercure. Or, l'inflexion
est exactement proportionnelle à la pression que sup-
porte l'air. Il s'ensuit que les rayons qui traversent
l'atmosphère à une certaine hauteur, et, par suite, dans
un air moins dense, sont moins déviés que ceux qui
touchent le sol. Comme ces derniers sont infléchis
d'environ 70 minutes, cela fait un peu moins de 1 minute pour 1 centimètre de pression, en sorte que le
rayon qui passe à une hauteur où la pression atmosphérique est de 1 centimètre moindre qu'à la surface
de la Terre s'infléchit de 69 minutes au lieu de 70. Or
cette hauteur, qui fait décroître la pression de 1 centimètre, est à peu près de 100 mètres. Donc, si sur le
cercle de séparation d'ombre et de lumière il existait

sur la Terre un obstacle ou barrière de 100 mètres de hauteur, les rayons qui raseraient cette barrière s'infléchiraient de 1 minute de moins que ceux qui passeraient à côté de cet obstacle. Enfin il suffirait d'un obstacle de 400 ou 500 mètres de hauteur pour que les rayons qui passeraient au-dessus perdissent 4 minutes de déviation, à cause de la moindre densité de l'air qu'ils traverseraient.

» Au 1er juin 1863, la déclinaison du Soleil était de 22 degrés. Ainsi le Soleil à minuit était à 68 degrés au-dessus du pôle. Ses rayons rasaient la Terre pour une latitude de 68 degrés, prise sur le méridien de Paris, ce qui est la latitude du Groënland. On sait maintenant que le Groënland est recouvert d'un glacier de 500 mètres d'épaisseur, et que les glaces en obstruent aujourdhui la côte jusqu'à moins de 10 degrés du méridien de Paris. Ces 10 degrés, à cette latitude, font environ 3 degrés d'un arc de grand cercle. Ainsi, sur le cercle d'illumination, qui est un grand cercle, le méridien de Paris passait à 3 degrés de la limite orientale des glaces polaires du Groënland. Comme l'heure de l'observation était à peu près minuit et un quart, on peut admettre que, vers le nord, le point culminant du cercle d'illumination était exactement sur le bord oriental du glacier groënlandais.

» Il en résulte que pour le cercle d'illumination qui sépare l'ombre de la lumière, et qui touchait à cette heure le Groënland et les mers polaires libres qui en sont à l'orient, toute la partie occidentale de ce cercle passait au-dessus des glaces élevées d'au moins 500 mètres, et que la partie orientale de ce cercle rasait la mer ouverte dans un air qui infléchissait les rayons de 70 minutes, tandis qu'au-dessus de l'obstacle des glaces les rayons étaient moins infléchis de 6 minutes et plus. Comme le croissant devait être symétrique de part et d'autre du milieu du cercle d'illumination, la lumière, déviée par l'atmosphère de la Terre, n'atteignait la Lune que dans la moitié orientale du croissant, qui paraissait ainsi partagé en deux moitiés, l'une brillante, du côté de l'orient, l'autre dans l'ombre, à droite du même observateur.

» Comme le croissant de la phase naissante de la Lune était tout juste coupé en deux parties égales, on aurait pu en conclure que les glaces orientales du Gröenland s'étendaient considérablement au delà de la limite du continent. On sait, en effet, que l'île Jean-Mayen, dont le volcan a fait irruption en 1818, et qui est à 12 $\frac{1}{2}$ degrés du méridien de Paris, est depuis longtemps inaccessible et tout à fait entourée de glaces probablement éternelles. »

Un banc de nuages élevés produirait un effet analogue à celui qui vient d'être décrit.

Une Note des *Monthly Notices* nous apprend que M. Airy a minutieusement observé, à Greenwich, l'éclipse de Lune du 1er juin. Comme l'état du ciel et de l'atmosphère était éminemment favorable pour l'observation, l'astronome royal en a profité pour comparer la lumière de la Lune à celle de plusieurs étoiles voisines, cela au moment de la plus grande obscurité. Ces observations purent être faites avec un soin particulier, en observant les objets à l'œil nu, car M. Airy a la vue basse, et sa myopie lui fait voir chaque objet sous la forme d'un large disque lumineux, et pour lui il n'y a aucune différence essentielle entre l'aspect de la Lune et celui d'une étoile, si ce n'est dans la quantité de lumière. M. Airy trouva, par ce moyen, que la lumière de la Lune excédait considérablement celle d'*Antarès*, et sensiblement celle de *l'Épi*, qu'elle était un peu supérieure à celle de α d'*Ophiuchus* et un peu moindre que celle de α de *l'Aigle*.

Les volcans de la Lune ?

Le 18 mai 1864, MM. T.-W. Webb et W.-R. Birt, observateurs anglais, étudiant une portion de la surface de notre satellite, ont cru reconnaître dans ce cirque que l'on regarde comme un cratère volcanique, et auquel on a donné le nom de *Marius*, *deux nouveaux cratères* plus petits, et qui ne se trouvent pas indiqués sur la carte bien connue de Beer et Mædler. Nous tenons ce fait pour très-important, et nous le regardons, pour notre part, comme très-précieux. C'est précisément à cause de l'importance que nous y attachons que nous soumettons la remarque suivante aux savants observateurs.

« Le 5 janvier 1794, Olbers vit dans la mer des *Crises*, entre *Auzout* et *Picard*, deux petits cratères qui ne figuraient pas dans les cartes de Schrœter. Il le manda à cet astronome. Or il se trouva que ce jour, 5 janvier, Schrœter avait observé la même région de la Lune avec de très-puissants instruments sans remarquer les deux cratères. Le 6, quoique averti, il ne fut pas plus heureux; le 17, même résultat négatif. Enfin, le 6 mars, le plus grand des deux se voyait parfaitement. » (*Phil. Trans.*, 1795.)

Arago, rapportant ce fait, ajoute : « N'avoir pas vu à une certaine époque ne prouve point que l'objet n'existait pas ; le mode d'éclairement et même les inclinaisons sous lesquelles les parois d'un cratère se présentent à des points de notre Terre peu éloignés les uns des autres ont trop d'influence dans ce genre d'observations pour qu'on doive se fier aux résultats négatifs. »

Il pourrait se faire que MM. Beer et Mædler n'eussent pas remarqué les cratères en question, quoique ces cratères existassent au moment où ces deux habiles observateurs construisaient leur carte sélénographique. MM. Beer et Mædler sont même d'avis que toutes les observations de changements ne sont qu'apparentes et tiennent à des différences dans l'éclairement des objets.

Il faudrait savoir : 1° jusqu'où le frère du grand compositeur de musique a poussé l'examen de cette partie du disque lunaire ; 2° si ces deux petits volcans disparaissent quelquefois selon l'inclinaison des rayons solaires. Les difficultés levées, nous enregistrerions avec bonheur et sans arrière-pensée la naissance de ces jeunes rejetons de notre Phœbé, qui ne serait plus inféconde.

IV.

MAGNÉTISME TERRESTRE.

Voici une question qui, pour appartenir nominativement à la physique du globe, n'en intéresse pas moins au plus haut point les sciences astronomiques. Elle a reçu récemment de nouveaux éclaircissements par un Rapport d'un savant abbé italien, M. Zantedeschi, adressé à l'Académie de Bruxelles, sur la connexion qui existe entre les courants électriques telluro-atmosphériques et les perturbations des aimants. Le but de l'auteur ayant été non-seulement d'observer les divers mouvements météoriques de l'atmosphère et d'enregistrer les périodes maxima et minima de son électricité dynamique qui peuvent y correspondre, mais encore d'examiner ces périodes aux jours et heures où il ne se manifeste pas d'orages, il a dû se servir d'un appareil d'une sensibilité exquise.

L'instrument est très-sensible à l'électricité physiologique de la contraction des muscles; il indique non-seulement l'électricité dynamique de l'atmosphère ou les courants ascendants et descendants entre la Terre et l'atmosphère, mais encore les plus petites différences d'induction qui, par des actions météoriques quelconques, se manifestent dans l'atmosphère où l'appareil est installé.

Le résultat de trente années d'expériences de l'auteur est *qu'il se manifeste perpétuellement une action électrique entre l'atmosphère et la Terre*. Ce résultat confirme le mouvement continuel méconnu par les physiciens italiens et indiqué déjà par M. Quetelet dans les paroles suivantes, citées par l'auteur : « Il y a un flux continuel d'électricité entre les régions supérieures et inférieures de l'atmosphère, qui semble croître avec la différence des températures et particulièrement avec la présence des orages. » (*Physique du globe*, p. 96.)

Dès 1829, M. Zantedeschi étudiait, à Padoue, les influences auxquelles sont soumis les aimants exposés à la lumière solaire dans les différentes conditions de l'atmosphère : les physiciens ne prêtèrent aucune attention aux résultats de ces études. Ils n'en firent pas davantage quand l'auteur publia, en 1835, à Brescia, une Note dans laquelle il décrivait ses nouvelles expériences, expériences montrant que la position du système astatique des deux aiguilles du galvanomètre varie aux différentes heures du jour, et principalement au moment des changements atmosphériques de la pluie, du vent, du serein ou des nuages, et des éclats de l'électricité. « Je pouvais conclure, dit l'auteur, que l'aimant est un petit monde ou un microcosme qui se ressent de l'influence de tous les changements du grand monde. Le fruit que je retirai de ces études fut une amère et rude censure. »

Un grand nombre d'expériences établies sur la bipolarité électrique du spectre solaire l'ont conduit à admettre que la cause immédiate et primitive de l'électricité telluro-atmosphérique est *la lumière*; l'at-

traction universelle aurait la même cause.... Il est bon
de se servir de l'analyse pour remonter à la synthèse;
cependant nous doutons que beaucoup de savants puissent partager d'une manière absolue les idées un peu
hypothétiques du laborieux physicien. Cette réserve
faite, relativement à la généralisation des phénomènes,
revenons à la théorie qui fait l'objet du Mémoire de
M. Zantedeschi, et constatons avec lui que plusieurs
faits viennent à l'appui de cette théorie; nous mentionnerons, entre autres, les observations magnétiques
de 1859 :

« Du mois d'août au mois d'octobre de cette année,
on vit coïncider, rapporte l'auteur, les perturbations
des barreaux avec les splendeurs des aurores boréales
et avec les décharges électriques de puissante tension
dans les fils télégraphiques. Les perturbations magnétiques observées pendant le jour à Rome ont rigoureusement coïncidé avec les jets lumineux de l'aurore boréale observée sous l'équateur à la Guadeloupe et jusque
dans l'autre hémisphère, en Australie, à la Conception
et au Chili. Les alternatives des instruments s'accor-
daient avec les alternatives des courants, les fils diri-
gés selon le méridien magnétique étaient plus influencés
que les fils perpendiculaires à la même direction. Les
supérieurs, dans les différentes séries, étaient plus actifs que les inférieurs. » On reconnut plus tard que
toute perturbation atmosphérique notable a une influence sur les instruments magnétiques, et montre
qu'il y a connexion entre les deux ordres de phénomènes. Les faits sont assez nombreux pour que l'on
ait sur ce point-là des idées complétement arrêtées.

Mais il est un point dont nous n'avons pas encore parlé, et sur lequel nous devons spécialement appeler l'attention : c'est la période des maxima et des minima dans l'électricité dynamique de l'atmosphère et de la Terre. Non-seulement les expériences de M. Zantedeschi, mais encore les travaux du même genre faits à Munich, à Kew et à Bruxelles, accusent unanimement un *maximum d'électricité au solstice d'hiver, et un minimum au solstice d'été*. Chacun comprend l'importance de ce résultat sur la relation magnétique qui paraît exister entre l'astre solaire et notre globe.

Vers le même temps (juillet 1863), M. Ch. Chambers présenta à la Société Royale de Londres, sur le sujet de l'*action magnétique du Soleil*, des observations que l'on peut résumer comme il suit : Si le Soleil était un aimant d'un pouvoir suffisant pour exercer une attraction sensible sur un petit aimant à la distance de la Terre, il aurait une influence réelle sur la Terre en déterminant une action magnétique dans son fer doux, et une influence apparente, due à son action directe, sur les instruments dont on se sert pour mesurer la variation du magnétisme terrestre. Comme la Terre tourne sur son axe et produit de la sorte, relativement au Soleil, une variabilité de position des lieux où l'on observe, une variation diurne se fera sentir dans les forces qui agissent sur les magnétomètres. Cette variation suivra la loi simple : $x = A \sin (h + \alpha)$, x étant la déviation de l'aiguille aimantée, h l'angle horaire du Soleil, A un coefficient constant et α un angle constant. Or, la comparaison de ce résultat avec les lois des variations diurnes observées montre que l'action directe et déterminante du Soleil n'est pas la seule cause des variations. On peut prouver que si une partie des variations diurnes observées est due à cette cause, cette partie est faible en comparaison de ce qui est produit par d'autres forces en action. On obtiendra ce résultat en séparant des variations observées la partie d'entre elles qui obéit à la loi : $x' = \mathrm{B} \sin(h + \beta)$, et en comparant les variations de B et β, de mois en mois, avec celles de A et de α.

Nous ne savons si, dans son Mémoire à la Société Royale, l'auteur a établi une comparaison entre l'action magnétique du Soleil et son action calorifique sur la Terre, mais nous pensons que cette comparaison ne serait pas inutile. En effet, de même que l'influence calorifique du Soleil n'est point la seule qui doive être considérée dans la question de la chaleur inhérente au globe terrestre, mais n'en est, au contraire, qu'une très-faible partie, ne serait-il pas rationnel de supposer que l'influence magnétique du Soleil, tout en étant aussi réelle que son action calorifique, est loin d'être la seule que l'on doive considérer dans les phénomènes du magnétisme terrestre, la Terre devant être regardée comme une source relativement indépendante d'électricité, et comme un foyer où des forces multiples sont en action permanente?

Voici, en résumé, d'après la communication faite par M. Airy à la Société Royale de Londres, le résultat des observations faites à l'Observatoire royal de Greenwich, de 1841 à 1857, sur les inégalités du magnétisme terrestre.

L'examen des courbes annuelles montre que, de 1841

à 1848, leur grandeur s'accrut très-lentement, avec un petit changement de forme, tandis que de 1848 à 1857 leur grandeur diminua rapidement, avec un grand changement de forme. « Quelque grande variation cosmique, dit l'astronome royal, parait s'être opérée sur la Terre, particulièrement en ce qui concerne le magnétisme terrestre. En comparant ces courbes annuelles avec les courbes mensuelles, et spécialement avec celles de la période 1848-1857, le changement des courbes annuelles de 1848 à 1857 est semblable à celui des courbes mensuelles de l'été à l'hiver. » L'auteur désigne comme un commencement d'explication du changement qui s'est opéré de 1848 à 1857 la supposition que l'action magnétique du Soleil sur la Terre serait restée la même dans l'hémisphère sud, tandis qu'elle aurait subi une grande diminution dans l'hémisphère nord.

Les courbes mensuelles des deux périodes diffèrent en ce que les ordonnées varient de hauteur et en ce que le nœud change de place. De 1847 à 1849 la hauteur des ordonnées s'accroît sensiblement, de 1849 à 1850 plus encore; ensuite elle reste à peu près stationnaire. En 1846 le nœud descendant est à 11ʰ45ᵐ à peu près; en 1847, à 9 heures; en 1849, à 7 heures; en 1850, à 5 heures; en 1851 à 4 heures. Les observations ont été faites avec le plus grand soin, et les courbes fidèlement enregistrées, surtout depuis 1847, époque à partir de laquelle les indications magnétiques sont automatiquement enregistrées par la photographie.

Plus tard, en reprenant la discussion de son sujet, M. Airy émit une hypothèse qui pourrait rendre compte de tous les faits observés. Les relations entre les forces enregistrées présentent une ressemblance frappante avec ce qui aurait lieu si nous concevions un fluide à proximité de la Terre, soumis aux courants que l'action du Soleil, ou la cessation de cette action, produirait suivant les circonstances; lesquels courants seraient soumis aux interruptions et aux mêmes troubles que ceux qui existent dans l'air ou dans l'eau. Pour la commodité du langage, M. Airy donne à ce fluide le nom d'*éther magnétique*. Il montre que dans l'air et dans l'eau, le type général des troubles irréguliers est de voyager dans la forme circulaire, quelquefois avec des courants partant du centre suivant le rayon, mais plus fréquemment avec des courants tangentiels; quelquefois avec accroissement de pression verticale au centre, mais plus généralement avec décroissement de pression. Assimilés à ces faits, les phénomènes magnétiques pourraient être facilement imités.

L'auteur remarque, en terminant, que les observations faites à cinq ou six Observatoires, étendues sur un espace moindre que le continent d'Europe, seraient probablement suffisantes pour décider la question. Nous émettons le même vœu que M. Airy, pensant qu'il y a là en jeu les hautes questions de la physique du globe.

Dans le courant des années 1863 et 1864, nous reçumes du Doyen des Professeurs italiens une série de lettres sur le même sujet. Nous croyons utile de traduire ici les principales observations du professeur Zantedeschi sur ces questions encore énigmatiques de la physique générale.

Extrait des Lettres de M. Zantedeschi (*). — « .... La question des courants telluro-atmosphériques intéresse, comme vous l'avez sagement observé, non-seulement la physique du globe, mais encore les sciences astronomiques. Lorsqu'en 1829, à Pavie (et non à Padoue, comme on l'a imprimé par erreur à Bruxelles), je faisais mes expériences sur les aimants exposés à la lumière solaire aux diverses heures du jour et dans diverses conditions atmosphériques, les physiciens étaient trop éloignés de croire à une connexité d'effets entre ces aimants, la lumière et les météores atmosphériques. Ils furent également éloignés de mes idées, et par conséquent d'y ajouter foi, lorsqu'en 1835 je faisais de nouvelles expériences démontrant une connexité entre les perturbations des aimants et les changements de l'atmosphère. Je vis, dans cette connexité, que le petit monde de mon aimant était en correspondance avec le grand monde extérieur, dont l'influence ne fut pas alors suffisamment étudiée. La bipolarité électrique du spectre solaire me fit renoncer aux idées reçues sur le vide planétaire, sur les forces abstraites, et sur d'autres points de la physique du monde. La matière possède un mouvement continu, qui reçut et transmit instantanément l'impulsion originaire primitive du Créateur; ce mouvement, je l'attribuai aux irradiations perpétuelles des mondes entre eux. C'est à cette époque que l'on a commencé à reconnaître les ac-

(*) Ce sont ces Lettres qui ont été réunies en brochure, sous le titre de *Lettere del prof. Fr. Zantedeschi al D. C. Flammarion, intorno all' origine della rugiada e della brina.* Padova, 1864.

tions mécaniques, ou les moments. Je confesse que je ne puis guère avoir de partisans aujourd'hui dans mon hypothèse philosophique ; car il est avant tout nécessaire que les influences se multiplient, afin que l'on puisse mettre en évidence que notre système si ingénieux de l'attraction universelle a été plutôt présupposé que démontré « *presupposto che dimostrato* ». Les lois et mouvements planétaires existent et existeront toujours, parce que ce sont des faits ; mais les causes de ces mouvements ne peuvent être découvertes par le calcul, qui n'a pour objet que la *quantité*, mais par la philosophie qui, à dire vrai, a été trop négligée par les physiciens et les astronomes. Vous avez écrit sagement en affirmant que j'aurais peu de partisans dans ma doctrine de l'*attraction universelle par la lumière* ; pourtant, de nos jours, quelques astronomes et quelques physiciens ont commencé à abandonner la doctrine des forces abstraites et du vide, de même qu'on a commencé à introduire le langage des moments mécaniques de l'irradiation, une longue période d'années sera nécessaire pour que les écoles se dépouillent des systèmes dominants, et introduisent une nouvelle doctrine.

» Je partage entièrement votre opinion sur les *maxima* et les *minima* d'électricité dynamique de l'atmosphère et de la Terre, observés au solstice d'hiver et au solstice d'été ; mais vous me concéderez volontiers que les recherches relatives à ces périodes acquerront une plus haute importance encore lorsque les astronomes et les météorologistes de Monaco, de Bruxelles et de Kew renouvelleront leurs expériences avec des appareils semblables qui puissent être comparés, aux mêmes heures et sous des états de ciel égaux. Pour séparer, autant que possible, l'action cosmique de l'électricité telluro-atmosphérique de l'influence des météores, ils devront expérimenter en des jours sereins et tranquilles aux mêmes heures : une heure avant le lever du Soleil, à midi, à $2^h 3o^m$ après-midi, et une heure après le coucher du Soleil, dans chacune des stations ci-dessus désignées de Monaco, de Bruxelles et de Kew. A ces stations nous nous permettrons d'ajouter la station de l'Observatoire astronomique du Collége romain, qui est la mieux fournie, en Italie, des appareils nécessaires. A toutes ces conditions, il faut encore en ajouter une autre, celle de bien placer les électroscopes. Ils doivent dépasser les limites de la rosée et de la gelée blanche, afin que toutes les circonstances soient identiques dans toutes les quatre stations. Je me suis convaincu, par les observations que je fis en 1845 au Jardin botanique royal de Saint-Job, à Venise, que ces hydrométéores ont des limites de hauteur suivant le sol où l'on se trouve. Dans la nuit du 24 au 25 avril 1845, le long de l'allée du Jardin botanique de Venise, je trouvai que l'herbe était baignée même sous les broussailles à ciel découvert. Je m'aperçus que la rosée commençait toujours là où le terrain était le plus humide, et allait décroissant jusqu'à une certaine hauteur, où les feuilles sont parfaitement sèches. Sur le *Prunus lusitanica*, la rosée fut sensible jusqu'à la hauteur de 1 mètre; sur le *Ruscus racemosus*, jusqu'à 60 centimètres. Dans la matinée du 29 septembre 1845, sur le *Convolvulus Nil*, la rosée fut sensible jusqu'à la hauteur de $2^m,5o$; sur le *Datura Metel*, jusqu'à $1^m,25$; sur le *Humulus Lupulus*, jusqu'à $2^m,88$.

La plus grande hauteur où je pus observer la rosée fut 6 mètres environ. Vous pourrez facilement déterminer à Paris des limites analogues dans les feuilles des arbres élevés qui ornent les allées de l'Observatoire, du Jardin des plantes et du bois de Boulogne, comme je l'ai fait pendant mon séjour de plusieurs mois en 1852 et en 1855 dans la capitale de la France. »

M. Zantedeschi nous communiqua aussi, dans une autre lettre, quelques-unes de ses anciennes expériences, dignes de l'intérêt des physiciens. Voici un extrait sur l'électricité statique de la gelée blanche :

« A Pavie, en 1827 et 1828 ; à Brescia, en 1835 et 1836 ; et à Milan, en 1837 et 1838, j'ai observé que les gouttelettes de gelée blanche attachées aux petits rameaux des plantes manifestent, dans les extrémités qui regardent la terre, une *tension électrique positive*. Sous ces gouttelettes, j'avais disposé horizontalement une table de bois à une distance assez grande pour pouvoir mettre entre elles et le plateau de la table un électromètre à lames d'or. L'électromètre étant parfaitement préparé, de manière à être sensible à la plus faible tension électrique, je le mis sur la table, et par degrés je le plaçai sous les gouttelettes gelées, de façon qu'entre le bouton et l'extrémité de la gouttelette il n'y avait que la distance de quelques millimètres : les lames d'or montrèrent une divergence de quelques degrés. Une lanterne que je tenais à la main gauche m'envoyait la lumière sur l'électromètre et me permettait de voir distinctement la divergence des lames d'or. De la main droite je tenais le tube de verre, qui a été remplacé depuis par un bâton de gomme laque ; la personne qui m'assistait frotta le tube de verre avec un morceau de drap bien chaud : les lames d'or divergèrent davantage. En me servant du bâton de gomme laque, les lames d'or se fermèrent. En enlevant le tube de verre et le bâton de gomme laque, et en laissant libre l'action du milieu atmosphérique, les lames d'or se remirent promptement dans leur divergence primitive. J'eus des résultats semblables avec un excellent électromètre à pailles de Volta. En isolant l'électromètre de l'influence des gouttelettes gelées, les lames d'or et les pailles se remettaient dans leur position naturelle. Il est évident par là que la tension électrique manifestée par mes électromètres était positive. Il est de la même évidence que l'attraction électrique des extrémités des gouttelettes gelées était également positive.

» Je n'ai pas voulu mettre le bouton de l'électromètre en contact avec les glaçons, pour ne pas compliquer le phénomène par une action chimique, et j'ai préféré faire les expériences de nuit, pour éviter la lumière solaire et les dérangements des curieux. »

Pour être de longue date déjà, cette expérience n'en est pas moins importante. Elle est faite, comme on le voit, en de très-bonnes conditions. Les physiciens pourraient la mettre sur le même rang que celles de Musschenbroek, de Dufay, de Pictet et du docteur Wells, observateurs qui se sont le plus occupés des phénomènes relatifs à la rosée. Nous pourrions même ajouter que Dufay croyait à une connexion entre la production de la rosée et l'électricité statique, mais Arago réfute cette opinion. (*Annuaire* de 1827.)

La suite des lettres que M. Zandeteschi nous adressa

5..

n'est pas moins digne d'attention par les expériences qu'elles présentent. Nous coutinuons de traduire les principales d'entre ces expériences et d'appeler sur elles l'attention des physiciens.

I. *Sur l'électricité statique de la rosée blanche et sur la météorologie agraire.* — « ... Vous avez fait acte de justice en rappelant, dans le *Cosmos* (liv. VIII, 21 août 1863, p. 208), les noms des Musschenbroek, Dufay, Pictet et Wells ; à côté de ces célébrités qui ont si bien mérité de la science, permettez-moi d'en ajouter quelques autres dévouées à la même cause et qui ont été convaincues, comme celles que vous avez citées, par le résultat de leurs propres expériences.

» J. Beccaria a émis l'opinion que les conséquences les plus importantes de l'électricité atmosphérique et de son action, soit séparée, soit combinée, sont dépendantes de plusieurs phénomènes de l'électricité terrestre. « Je pense, dit-il, que l'évaporation de l'eau, la » formation du brouillard, des nuages, du serein, de la » rosée, etc., sont un effet de l'électricité propre de la » Terre et de l'électricité de l'atmosphère, excitées jour- » nellement et d'une manière constante par certaines » causes quotidiennes et régulières. » (*Électricité atmosphérique*, de Jean-Baptiste BECCARIA. — Bologne, 1758.) « Il est certain, continue le même auteur, que parmi » les divers effets produits par l'électricité de l'air, on » a constaté que toutes les évaporations et émanations » qui se soulèvent dans l'atmosphère, qui y nagent ou » qui y descendent, sont affectées dans leur essence par » l'électricité atmosphérique, soit dans leurs mouve-

» ments généraux, soit dans leurs mouvements relatifs.
» Ainsi, par exemple, en supposant dans l'atmosphère
» l'existence d'une électricité permanente quelconque,
» j'ai pu expliquer nombre de phénomènes très-remar-
» quables, voire celui du serein, de la rosée, de la ge-
» lée blanche, la tendance de leurs petites gouttes et
» de leurs glaçons à se diriger de préférence vers cer-
» tains corps, et particulièrement sur les angles et sur
» les pointes. Maintenant que j'ai constaté l'existence
» de cette électricité, je me rends compte de l'action
» nécessaire qui préside constamment à ces phénomè-
» nes. » (Lettre XV, p. 351.)

» Le rapport qui existe entre la gelée blanche, la rosée et l'état électrique, remarqué par Beccaria, a été
rendu plus évident par Bonsdorff, par suite de l'observation suivante. Bonsdorff a constaté que de deux métaux mis en contact et exposés à la rosée, celui qui est
électrisé négativement se mouille quand l'autre, électrisé positivement, reste sec. Ainsi, si l'on expose une
plaque de zinc et une plaque de cuivre, bien polies,
communiquant ensemble par un angle, la rosée ne se
déposera que sur le cuivre. Au contraire, si l'on expose
de la même manière deux plaques en contact, l'une de
cuivre et l'autre d'argent, ce sera sur la plaque d'argent que l'eau se déposera, et non sur la plaque de cuivre, car ici c'est le cuivre qui représente l'électro-
positif. Cette expérience prouve d'une manière évidente
que ce n'est pas le métal même, mais bien sa condition
électrique, qui occasionne le dépôt de la rosée. (Voir
BERZÉLIUS, *Traité de Chimie.*)

» Il résulte de mes expériences sur l'*électricité phy-*

siologique des plantes, que les cimes des végétaux sont électro-négatives, et que la vapeur ascendante de la terre est électro-positive. J'ai répété l'expérience de Bonsdorff, au Jardin botanique de Saint-Job, à Venise, avec des disques de zinc et de cuivre, mis en contact par un point de leur périphérie, mais isolés de la terre par des bâtons de verre fichés dans le sol. J'ai constamment obtenu une couche de rosée sur le cuivre, tous les matins qui avaient été précédés par une nuit calme et sereine, tandis que mes disques de zinc restèrent toujours secs. »

Cette communication est suivie d'une lettre adressée à M. Inzenga, directeur de l'Institut agraire de Castelnove, sur un problème de météorologie agraire que celui-ci avait proposé au professeur. Ce problème, quoiqu'il ait pour objet une seule localité de l'Italie, est néanmoins important en ce qu'il se rattache à l'isothermie générale du globe.

« Dans la haute Italie, et particulièrement à Vercelli, la maturité du riz et la récolte arrivent dans la première décade de septembre, ou à peu près. Dans la Sicile, malgré sa latitude, et quoiqu'il soit question de ses côtes les plus chaudes, celles qui sont baignées par la mer d'Afrique, cette récolte n'a lieu qu'au mois d'octobre, ce qui la rend incertaine et sujette à de fréquentes interruptions par suite de l'arrivée soudaine de la saison des premières pluies d'automne. Le riz est cultivé à Palerme comme à Vercelli, semé dans la même disposition et de même pendant le mois d'avril ou les premiers jours de mai. Pourquoi cette différence dans la récolte? Dira-t-on qu'elle dépend de la température de Vercelli et de la haute Italie, qui serait plus élevée que la température des lieux où l'on cultive le riz en Sicile? Assurément non; car la moyenne annuelle des côtes du midi de la Sicile est de 5 degrés au moins supérieure à celle de Vercelli. Je pense qu'il faut rechercher les causes retardatrices dans l'intensité différente des vents, des pluies, dans le nombre des jours couverts en août et septembre, pour les deux stations étudiées. De même, la température moyenne de Cagliari est plus élevée de $0°,71$ que la température moyenne de Gênes; cependant de La Marmora a constaté que la végétation des oliviers et des amandiers des alentours de Cagliari était en retard comparativement à celle des alentours de Gênes, et il en a reconnu la cause dans les vents qui dominent dans la campagne de Cagliari.

» Il s'agit d'étudier quelles sont les conditions atmosphériques des côtes du midi de la Sicile, pendant les mois d'août et de septembre, comparativement à celles de Vercelli. La maturité des fruits et des semences n'est pas le seul travail chimico-physiologique de la chaleur; mais la lumière et l'électricité y entrent pour une bonne part. Nous croyons fermement qu'en admettant des conditions agraires constantes, tout phénomène de végétation représente le travail chimico-mécanique correspondant à la somme des irradiations solaires, pourvu que les circonstances hygrométriques de la distribution des pluies, des courants anémométriques, et l'état de l'électricité se maintiennent adéquatement et restent comparables dans la succession des mois et des années.

» .... C'est un grand problème que celui dont vous avez provoqué la solution, ajoutait l'auteur de cette lettre; il doit être résolu par le concours des amis des sciences, dont les efforts tendent à reconnaître la relation qui existe entre les phénomènes généraux de la vie et l'ensemble des mouvements météoriques. »

II. *Sur les périodes horaires, diurnes, mensuelles et annuelles du maximum et du minimum de la température, et sur la compensation parfaite qui existe entre les quantités calorifiques absorbées et émises par la Terre durant une longue période d'années.* — « ...Il y a des périodes horaires de maximum et de minimum de la température; il y a des périodes diurnes et des périodes nocturnes, et il y a compensation parfaite entre la quantité de calorique que la Terre reçoit pendant le jour et la quantité qu'elle rayonne pendant la nuit; de ces points résulte la constance de la température moyenne séculaire d'un pays. — J'exposerai brièvement les conclusions que j'ai obtenues.

» 1° Dans sa *Météorologie*, Kirwan admet que le maximum diurne du froid arrive, en tout climat, une demi-heure avant le lever du Soleil, et le maximum de la chaleur à 2 heures de l'après-midi, entre 35 et 45 degrés de latitude boréale. Le chanoine P. Butori avance, dans ses Mémoires de météorologie, que le maximum du froid s'observe au lever du Soleil, et le maximum de la chaleur à 2 heures de l'après-midi; ses observations sont de quarante années, de 1777 à 1816 inclusivement; elles ont toujours été faites dans le même lieu, sur le même thermomètre, à l'air libre et au nord. Mais l'astronome Cagnoli reconnut, par ses observations faites à Vérone, que le maximum du froid se remarque, sur le thermomètre, quelques instants avant. le lever du Soleil. J'ai voulu m'assurer du fait par mes propres observations à ce sujet.

» Au premier abord, je reconnus que le maximum du froid n'est pas constant pendant les jours de pluie, de neige ou de vent. Pendant les jours sereins et tranquilles, je reconnus, à l'aide des observations que je fis dans mes longs séjours aux villes de Pavie, Vérone, Brescia, Milan, Venise et Padoue, que le thermomètre et le thermométrographe indiquaient pour ce maximum les minutes voisines du lever du Soleil. Quant à l'heure du maximum de chaleur, je dois observer que les stations où je fis mes expériences ont toutes une latitude supérieure à 45 degrés, limite des expériences de Kirwan; or j'ai reconnu, notamment à Padoue (lat. 45° 24′ 2″), où je résidai le plus longtemps, que ce maximum arrive généralement après 2 heures; mais je ne saurais préciser les minutes, parce que, durant les divers mois de l'année, ce moment arrive un peu plus tôt ou un peu plus tard, selon que le Soleil reste plus ou moins longtemps au-dessus de l'horizon. Lorsque le thermomètre a marqué le degré le plus élevé, l'aiguille du thermométrographe est restée quelques instants immobile; mais ces alternances ne peuvent pas être aussi exactement fixées que les heures établies par le mouvement céleste. Vous voyez cependant que je ne suis pas éloigné des résultats obtenus par Kirwan et Butori.

» 2° Les météorologistes italiens ne s'accordent pas pour fixer les décades des mois de janvier et de juillet, pendant lesquelles on observe le plus grand froid et la plus grande chaleur. Ils conviennent pourtant, en général, que le mois du plus grand froid est janvier, et que juillet est le mois de la plus grande chaleur. Le plus grand froid, du reste, comme la plus grande chaleur, sont sujets à des oscillations; le premier entre décembre et février, période d'hiver, la seconde entre juin et août, période d'été.

» Par mes études faites surtout sur les climats de Turin, Milan, Brescia, Vérone, Padoue, Venise et Bologne, j'avais établi la loi que la plus grande chaleur arrive quarante jours après le solstice d'été, et le plus grand froid quarante jours après le solstice d'hiver. Quelques-uns pensèrent que ces deux périodes devaient être abrégées. Malgré la grande confiance que j'avais dans la certitude et sur la solidité de ma proposition, je pensai, néanmoins, qu'il serait préférable d'avoir une longue période d'années pendant laquelle les observations auraient été faites au lever du Soleil et à 2 heures de l'après-midi, avec le même thermomètre et dans le même lieu. Les quarante années du chanoine Butori se prêtèrent à ce besoin ; à l'aide de sa table horaire, qui donne les moyennes mensuelles de quarante ans, j'ai pu constater de nouveau que les maxima cherchés arrivaient respectivement quarante jours après le solstice d'hiver et quarante jours après le solstice d'été. »

(Nous n'allongerons pas inutilement ce Mémoire en reproduisant les tables d'expériences; la question principale est de connaître les résultats.)

« L'accroissement moyen de la température, depuis le lever du Soleil jusqu'à 2 heures de l'après-midi, pour quarante années, donne $+ 5^\circ,84$. La température moyenne s'accroît de janvier à fin juillet, et décroît d'août à fin décembre ; elle reste constante en janvier, quoique les nombres du minimum et du maximum de janvier soient inférieurs à ceux de décembre.

» 3° La période de la moyenne thermométrique mensuelle nocturne s'obtient par une méthode différente. On peut pour cela prendre alternativement le maximum et le minimum de deux mois successifs, puis de deux autres, par exemple le maximum de janvier et le minimum de février, et ainsi de suite.

» Il résulte de ces comparaisons que le froid nocturne croît de mai-juin à septembre-octobre, et décroît d'octobre-novembre à avril-mai ; en d'autres termes, que la période nocturne de la plus grande et de la plus petite déperdition de calorique correspond à la période diurne de la plus grande et de la plus petite absorption. D'un essai que je fis en janvier et en juillet 1863, il résulterait que le décroissement calorifique de la période nocturne de janvier est à celui de juillet comme 6 est à 10 environ.

» Par ces calculs fondés sur quarante années d'observations, on peut affirmer que l'équilibre moyen de la température est resté rigoureusement constant. Je dois vous dire que j'appelle période diurne celle comprise entre le lever du Soleil et 2 heures de l'après-midi du même jour, et période nocturne celle comprise entre 2 heures de l'après-midi et le lever du Soleil du lendemain. Notre langue nomme exactement les heures en les appelant *antéméridiennes* ou *postméridiennes*. »

Notre devoir est de présenter avec ces études une communication que M. J. Nicklès, le savant professeur de la Faculté des Sciences de Nancy, nous envoya comme document de priorité, car elle fut déjà insérée en 1854 dans l'*American Journal of sciences and arts*.

Sur l'origine du magnétisme terrestre. — « La théorie qui, la première, a voulu expliquer l'origine du magnétisme terrestre, dit M. Nicklès, est celle qui place un puissant aimant dans le centre de la Terre. Pour la faire concorder avec les observations relatives à la déclinaison, l'inclinaison, l'intensité, Mayer donna à cet aimant une position excentrique. Hansteen admit l'existence de deux aimants, mais différents par leur position et leur intensité. A toutes ces hypothèses Ampère substitua la sienne, déduite de ses recherches sur l'électro-magnétisme ; selon lui, la Terre est un électro-aimant dont l'axe se confond avec le plan du méridien magnétique. Cet aimant est engendré par un courant électrique circulant autour de la Terre, de l'est à l'ouest, perpendiculairement au plan du méridien magnétique. Le courant qui magnétise ainsi le globe terrestre est développé par le Soleil et constitue un courant thermo-électrique.

» Longtemps avant la découverte de l'électro-magnétisme, M. Biot considérait la polarité magnétique du globe comme la résultante principale de toutes les particules magnétiques disséminées dans la Terre. Cette vue fut adoptée par Gauss comme l'interprétation d'un fait qu'il ne chercha pas à expliquer.

» Une observation que j'ai été à même de faire, il y a quelques années, m'a conduit à chercher la cause du magnétisme terrestre dans la *rotation de la Terre*.

Je fus conduit à ces recherches par l'observation que je fis avec mon frère de la chute d'un bolide cylindrique, lequel, pendant qu'il paraissait suspendu dans l'espace, occupait une position qui se confondait sensiblement avec le plan du méridien magnétique (*Comptes rendus des séances de l'Académie des Sciences*, t. XIX, p. 1035). Selon nous, cette position n'était pas fortuite : elle était déterminée par l'action magnétique de la Terre. Essentiellement composés de fer et de nickel, les aérolithes sont magnétiques et fort susceptibles d'acquérir de la polarité ; c'est là ce qui est arrivé à notre bolide, lequel, sous l'influence de l'aimant terrestre, est devenu, lui-même, un aimant et s'est, dès lors, comporté comme une aiguille aimantée, se plaçant comme elle dans le plan du méridien magnétique.

» Généralisant ce fait et lui appliquant l'observation des disques tournants d'Arago qui deviennent magnétiques lorsqu'on place un aimant à proximité, on peut se demander si la polarité magnétique de notre planète n'est pas due à la même cause ; si, comme tout autorise à le croire, le Soleil est un aimant, celui-ci sera à l'égard de la Terre ce que celle-ci était à l'égard du bolide cylindrique, un aimant inducteur capable de décomposer le fluide neutre du globe terrestre qui tourne en sa présence.

» Si simple que puisse paraître cette théorie, elle ne résout pas la difficulté, car elle ne dit pas d'où vient le magnétisme du Soleil. Aurait-il la même origine que celui de la Terre et viendrait-il d'un aimant quelconque placé plus loin et qui serait plus puissant que l'aimant solaire ? C'est, comme on le voit, l'hypothèse de l'aimant central renversée, en ce qu'elle met dans l'espace la masse magnétique qu'on avait d'abord logée dans l'intérieur de la Terre. Il en sera ainsi toutes les fois qu'on voudra recourir à un aimant préexistant. D'où vient sa polarité? qu'est-ce qui la détermine? La réponse est facile, selon nous, si l'on admet que la rotation est à elle seule capable de décomposer le fluide normal, de manière à reléguer les pôles aux extrémités de l'axe, c'est-à-dire sur les points où la vitesse est la moins grande. Chaque étoile tourne autour d'un axe central et parcourt des courbes déterminées; la quantité de fluide développée sera proportionnelle à la masse du solide tournant et à sa vitesse à la circonférence.

» Aux différentes sources de magnétisme mentionnées dans les traités, sources telles que le frottement, la pression, la percussion, la torsion, il conviendrait donc d'ajouter la rotation, une action mécanique comme les précédentes et dont les effets se manifestent à l'extrémité de l'axe de rotation, tout comme les pôles se développent à l'extrémité d'une barre de fer qu'on soumet à la torsion. Je suis revenu sur cette question quelque temps après, à l'occasion de l'expérience suivante mentionnée, sans nom d'auteur, par un journal étranger. Un ressort de montre non magnétique est librement suspendu à l'extrémité d'un fil de soie; dans cette position, il est indifférent à l'égard du magnétisme terrestre, lequel ne lui imprime absolument aucune direction déterminée. Mais si l'on chasse tout près du ressort de montre, et parallèlement à lui, une balle de pistolet, le ressort se polarise et dès lors s'oriente. L'auteur attribue cette aimantation au choc produit par la balle de plomb en son passage dans l'air et à la vibration de celui-ci. Or, nous disions que, si l'on suppose qu'au sortir du pistolet la balle avait acquis un mouvement rotatoire, on peut comprendre sans peine que le ressort d'acier placé dans le voisinage ait pu devenir magnétique. La balle l'est devenue par le fait du mouvement rotatoire, le ressort d'acier l'est devenu par influence.

» Je dois ajouter que j'ai cherché, mais en vain, à vérifier ce fait au moyen d'une hélice de fil de cuivre convenablement isolée et mise en rapport avec un galvanomètre ordinaire, le seul dont je puisse disposer. Les balles étaient de plomb, d'autres de fer; elles étaient chassées, à travers l'hélice, au moyen d'un fusil ou d'une forte carabine. Je n'ai jamais pu observer la moindre déviation du galvanomètre, soit que cet appareil ne fût pas suffisamment sensible, soit que mes balles ne fussent pas animées d'un mouvement de rotation, soit enfin que ce mouvement ne fût pas assez rapide. »

Nous nous contenterons d'ajouter à ces études une parole de Kepler : « De même que la Terre, qui fait mouvoir la Lune, est un aimant, aussi le Soleil, qui fait mouvoir les planètes, est un aimant : *Solem itaque similiter corpus esse magneticum* (*). »

Pour arriver à la réalisation de ces énigmes, il est nécessaire d'observer les phénomènes de la nature du côté où ils se touchent ou se rapprochent les uns des

---

(*) *J. Kepleri Opera omnia*, t. III, p. 307, édit. Frisch.

autres, et de dégager la loi de solidarité qui peut réunir un certain nombre de faits en apparence isolés. Il n'y a rien d'absolument isolé dans la nature, et l'unité du monde est éternellement soutenue par l'unité des lois qui le régissent. A ce propos, voici une annexe que nous croyons utile de mettre en évidence ici.

DE QUELQUES COÏNCIDENCES CURIEUSES SUSCEPTIBLES DE RÉVÉLER DE NOUVELLES LOIS EN ASTRONOMIE.

Au premier rang nous devons placer la connexion reconnue entre *les taches solaires et les mouvements de l'aiguille aimantée.* Dans le livre XIV de son *Astronomie populaire*, Arago rapportait déjà les observations suivantes :

« M. Lamont, directeur de l'Observatoire de Munich, en discutant les observations de la variation diurne de l'aiguille aimantée, a trouvé que l'amplitude de ces variations, tantôt plus grande, tantôt plus petite, était assujettie à une période décennale. Divers observateurs, et entre autres le P. Secchi, ont remarqué que les époques des *maxima* et des *minima* de ces variations coïncidaient avec les époques où, d'après les observations de M. Schwabe, on avait remarqué sur le Soleil un maximum et un minimum dans le nombre des taches.

» Le nombre considérable d'observations de la variation diurne de l'aiguille aimantée de déclinaison que j'ai faites à Paris de 1820 à 1835, et dont j'ai confié le dépouillement à M. Barral, confirme cette vue théorique, comme le montrent les chiffres suivants :

ANNÉES.	GROUPES de taches observées.	VARIATION DIURNE moyenne annuelle de la déclinaison.
1826..........	118	9′ 45″ 77
1827..........	161	11.19.38
1828..........	225 max.	11.23.31
1829..........	199	14.44.26 max.
1830..........	190	12. 7.91
1831..........	149	12.13.68.

» D'après cette coïncidence, on peut se croire autorisé à penser que les taches solaires exercent une influence sur les variations diurnes de l'aiguille aimantée, l'augmentation du nombre des taches donnant toujours une augmentation dans l'amplitude de la variation.

» Si la coïncidence des périodes des deux phénomènes n'a pas été seulement gratuite, ce que des observations ultérieures décideront, ce sera là une belle découverte dont l'influence sur les progrès de la physique terrestre pourra être considérable. Mais attendons avant de nous prononcer définitivement. »

A la séance de la Société Royale de Londres du mois de mars 1864, M. Balfour Stewart a communiqué un travail où la comparaison des taches du Soleil est faite avec un autre phénomène magnétique, les *aurores boréales*, et a également trouvé une coïncidence. L'auteur appelle l'attention sur la fréquence relative de ces taches depuis l'année 1760 jusqu'à l'époque actuelle, telle qu'elle est notée dans un ouvrage de M. Carrington. La courbe qu'on y a tracée montre qu'il y a eu un maximum correspondant, pour l'année 1788, à 6. Dans la *Météorologie* de Dalton, une liste des aurores boréales observées à Kendal et à Keswick, de mai 1786 à mai 1793, nous donne :

Pour l'année 1787	27 auroles boréales.
» 1788	53 »
» 1789	45 »
» 1790	36 »
» 1791	37 »
» 1792	23 »

montrant un maximum vers la fin de 1788, ce qui correspond presque exactement avec la date assignée par M. Carrington au maximum des taches solaires.

Le même professeur publia, en 1864, deux Mémoires sur l'origine de la lumière du Soleil et des étoiles. Notre confrère du *Cosmos*, M. le Dr Phipson, analyse ces Mémoires dans les termes suivants : On sait que l'astronome M. Wolf a trouvé une période des taches solaires de 11,2 ans, période bien reconnue. Mais, outre celle-ci, on en a établi récemment une autre d'environ 56 ans, qui a eu son maximum en 1836. Or, d'après certaines comparaisons, opérées récemment par M. Carrington, nous nous sommes permis de supposer qu'il existe un certain rapport entre le rayon vecteur de Jupiter et le développement des taches solaires. Lorsque les planètes Jupiter et Saturne se trouvent ensemble à leur plus grande distance du Soleil, nous avons un maximum de taches solaires ; en d'autres termes, la surface du Soleil envoie moins de lumière. D'après M. Stewart, l'approche des corps planétaires vers le Soleil engendre de la lumière, tandis que leur éloignement cause une absence de lumière, de même que l'approche des atomes des corps terrestres cause une production de lumière. Il y aurait cette différence peut-être entre l'approche des atomes et celle des planètes et du Soleil, savoir : que les premiers engendrent dans ce cas de la lumière et de l'électricité, tandis que les corps célestes produisent de la lumière et du magnétisme.

L'hypothèse de M. Stewart s'applique parfaitement aux étoiles variables et explique la production de la lumière et de la chaleur à la surface du Soleil, bien mieux, à mon avis, que l'hypothèse de la chute constante de météores sur l'astre central de notre système, soutenue par M. William Thomson. Ainsi donc, la lumière et la chaleur de notre Soleil seraient dérivées du mouvement, et comme on pourrait aussi le conclure d'après les belles recherches de M. William Thomson, qui nous montrent que la chaleur et la lumière sont les dernières formes auxquelles tend sans cesse le mouvement de la matière.

On voit maintenant pourquoi les aérolithes deviennent lumineux en approchant de notre Terre, phénomène que M. Balfour-Stewart aurait pu apporter à l'appui de son hypothèse.

Certain rapport paraît exister entre le développement des taches solaires et le rayon vecteur (ou la distance au Soleil) des grosses planètes.

Si, comme on l'a remarqué, les taches sont plus nombreuses à l'époque où Jupiter est le plus près du Soleil, il est rationnel de supposer que si Jupiter et Saturne passent ensemble à leur périhélie, cette époque sera marquée par un développement de taches plus

6

considérable encore. Il est vrai que la distance de ces planètes au Soleil est très-grande, mais il est vrai, d'un autre côté, que ces globes ont une masse importante et une excentricité considérable.

Ne pourrait-on expliquer la coïncidence en supposant que les masses de ces deux grosses planètes agissent sur le noyau obscur du Soleil, et l'attirent à travers la photosphère qui paraîtrait diminuer d'épaisseur aux points où s'élèveraient les irrégularités du noyau?

S'il en était ainsi, puisque deux révolutions de Saturne sont presque égales à cinq de Jupiter, nous aurions, dans l'intervalle de cinquante-neuf ans, la répétition du même phénomène planétaire. Cette période n'est pas différente des cinquante-six ans remarqués par M. Wolf.

La dernière date de la coïncidence entre le périhélie de Jupiter et celui de Saturne est l'année 1840. La date du grand maximum est 1836 (ou plutôt même 1837). Si d'autres dates se rapprochent d'aussi près, il y a grande probabilité en faveur de l'hypothèse. C'est en 1812-15 que les périhélies de Jupiter et de Saturne ont coïncidé pour l'avant-dernière fois ; c'est en 1871-75 que ce phénomène se reproduirait.

Voici maintenant d'autres coïncidences non moins curieuses et non moins dignes d'attention si elles sont un jour suffisamment confirmées. M. Bernardin, professeur de l'Université de Belgique, a cru remarquer une coïncidence entre l'époque des orages et l'époque de la nouvelle et de la pleine Lune. Au mois de juin 1863, il constata les dates suivantes :

Le 13, la foudre tombe près d'Anvers, à Wetteren, à Ninove et près de Furnes.

Le 17, à Namur.

Le 19, à Gand et à Heusiten.

Et la nouvelle Lune arrivait le 15, par conséquent au milieu de toutes les dates précédentes.

Cette année-ci nous avons déjà eu :

Le 6 et le 8 mars, éclairs et tonnerre (PL le 4).

Le 20 mars, la foudre tombe à Thourout (NL le 19).

Le 17 mai, la foudre tombe à Verviers (NL le 17)

On trouve dans deux auteurs des dates qui semblent faire ressortir cette coïncidence.

Ainsi, la *Physique* de Desdouits cite :

Douze clochers foudroyés en France, le 11 janvier 1815 (NL le 10).

La cathédrale de Strasbourg frappée trois fois le 10 juillet 1843 (NL le 11).

Th. Kaemtz (*Météorologie*, trad. de Ch. Martins. Paris, 1843, p. 377) mentionne divers orages remarquables par la grosseur des grêlons, savoir :

Allemagne, 7 mai 1822 (NL le 6).

Bords du Rhin, 13 août 1832 (PL le 12).

Constantinople, 5 octobre 1831 (NL le 5).

Espagne, 15 juin 1829 (PL le 17).

Les dates des nouvelles et des pleines Lunes sont données d'après l'*Almanach séculaire de l'Observatoire royal de Bruxelles*.

L'auteur du Mémoire demande, en terminant, que l'on vérifie autant que possible la plus ou moins grande généralité de la coïndence qu'il signale, et que l'on en tire des conclusions relatives à l'état électrique de l'atmosphère. C'est là certainement le meilleur désir qu'il pouvait formuler; car un tel fait ne saurait être admis sur un petit nombre d'exemples; et pour attribuer aux phases de la Lune une large part dans les phénomènes météoriques de la foudre, il faut, certes, présenter à l'appui de cette thèse des observations nombreuses, caractéristiques et incontestables.

Comme nous avions appelé l'attention sur la coïncidence que l'auteur a cru reconnaître entre les phases de la Lune et les phénomènes météoriques, M. Bernardin nous adressa bientôt après une Note complémentaire.

« C'est en faisant le relevé des orages de 1852 à 1862, nous écrivait l'auteur, que je fus frappé de leur coïncidence avec la nouvelle Lune ou la pleine Lune. Vous savez que M. A. Perrey, professeur à la Faculté des Sciences de Dijon, compulsant les dates des tremblements de terre de 1751 à 1850, les a toujours trouvés plus nombreux aux syzygies qu'aux quadratures; y a-t-il des relations entre les trois phénomènes? Le fait mérite, ce me semble, l'attention des savants.... Une remarque digne d'intérêt, c'est que les orages des 13, 17, 18 et 19 juin dernier coïncidaient avec les tremblements de terre ressentis à Huercal Overa, près d'Alméria, au midi de l'Espagne; c'est le 19 qu'on y a éprouvé la plus forte secousse. »

Orages observés à Melle, près de Gand, pendant les mois
d'hiver de 1852 à 1862.

1856 janv. 24 (PL 22)   2 éclairs et tonnerre.

1852 fév.. 18 (NL 19)   3 éclairs.

1854 fév.. 9 (PL 13)   1 éclair, 1 coup. (Homme tué près
d'Alost.)

1854 fév.. 17 (PL 13)   Quelques éclairs et tonnerre.

1860 fév.. 19 (NL 21)   5 éclairs, tonnerre. (22 clochers
foudroyés en Belgique.)

1861 nov.. 2 (NL 3)   3 éclairs.

1852 déc.. 17 (PQ 18)   Quelques éclairs.

1853 déc.. 26 (DQ 27)   Quelques éclairs.

1862 déc.. 20 (NL 20)   2 éclairs, 2 coups de tonnerre. (La
foudre tombe à Gand.)

On vient de rappeler que M. Perrey avait de son côté remarqué une coïncidence entre les phases de la Lune et les tremblements de terre. A cet égard, Mme Scarpellini, directrice d'un observatoire particulier à Rome, nous adressa une communication analogue, basée sur des observations faites de 1858 à 1863. Voici le tableau sur lequel s'appuie la théorie de Mme Scarpellini.

Tableau comparatif des tremblements de terre arrivés à Rome de 1858 à 1862, et des phases correspondantes de la Lune.

ANNÉE 1858.

Date	Heure		Phénomène	Phase	Écart
2 février......	3ʰ	M.	3 secousses ondulatoires.	PL.	4 jours avant.
24 mai.........	4	M.	Forte vibration.	PL.	3 jours après.
25 juillet......	6	S.	2 secousses ondulatoires.	PL.	1 jour après.
12 novembre....	5	S.	1 secousse ondulatoire.	PL.	1 jour après.
18 novembre....	9	S.	1 légère vibration.	PL.	3 jours après.
29 novembre....	1	M.	1 légère vibration.	DQ.	1 jour avant.

ANNÉE 1859.

Date	Heure		Phénomène	Phase	Écart
24 avril........	2ᴸ	M.	3 secousses.	DQ.	1 jour après.
30 avril........	6	S.	1 secousse.	NL.	2 jours après.
1 mai..........	1	M.	5 secousses par intervalles.	NL.	1 jour après.
3 juin.........	1	M.	1 vibration.	NL.	2 jours après.
12 juin........	3	M.	3 secousses.	PL.	1 jour après.
22 août........	1	S.	2 secousses.	DQ.	2 jours avant.

ANNÉE 1860.

8 avril.........	1h3om	M.	1 vibration.	PL.	3 jours avant.
22 mai.........	1h3om	S.	2 secousses.	NL.	2 jours avant.
18 septembre...	1	M.	1 vibration.	NL.	2 jours avant.

ANNÉE 1861.

12 avril.........	5h	M.	2 secousses.	NL.	2 jours avant.
18 mai.........	10	M.	Secousses ond. fortes et rapides.	PL.	18 heures avant.
18 juillet.......	5	S.	1 brusque secousse.	PL.	4 heures après.
22 août.......	3	M.	3 secousses.	PL.	2 jours avant.
12 décembre....	7	M.	1 secousse ondulatoire sensible.	PL.	5 jours après.

ANNÉE 1862.

11 mars.........	4h	M.	1 secousse ondulatoire.	PL.	3 jours avant.
13 juillet.......	1	M.	1 secousse.	PL.	2 jours avant.
28 juillet.......	2	M.	2 secousses.	NL.	2 jours avant.

Nos félicitations à Mme Scarpellini, dont le nom est doublement associé à celui du savant directeur de la *Correspondance scientifique de Rome*, M. Fabri-Scarpellini. En Italie comme en France, il est rare de voir les dames s'occuper avec autant de persévérance de ces questions généralement peu attrayantes pour elles; et lorsque quelques-unes réunissent une telle aptitude d'esprit aux autres qualités de la femme, c'est un privilége qui les honore et dont nous devons les féliciter. Ces travaux nous rappellent ceux de Marie Agnesi, autre Italienne célèbre par ses profondes connaissances. Marie Agnesi est auteur d'un *Traité de calcul différentiel et de calcul intégral,* traduit par d'Antelmy et annoté par Bossut. Son aptitude aux mathématiques était telle, qu'en 1750 le pape Benoît XIV l'autorisa à remplacer son frère dans sa chaire de Mathématiques à Bologne. Mme Scarpellini aura sa place à côté d'elle dans la Biographie des vraies femmes savantes, qu'il ne faut pas confondre avec les *Femmes savantes* de Molière.

V.

ÉTOILES FILANTES. — BOLIDES.

L'année 1864 est remarquable par les observations qui ont été faites sur les étoiles filantes au point de vue de la hauteur de l'atmosphère, et par l'apparition de certains bolides qui laisseront des traces dans l'histoire de la Physique. Nous rappellerons ici les uns et les autres.

Sur les étoiles filantes et sur la hauteur de l'atmosphère. — L'esprit humain est généralement amateur de théories; il préfère souvent un système quelconque, pourvu qu'il puisse s'y reposer, à des doutes et à des incertitudes qui ne le satisfont point; et au lieu d'attendre que des faits nombreux et rigoureusement discutés viennent eux-mêmes établir la base d'une théorie naturelle, il est ordinairement disposé à bâtir à sa fantaisie et à résoudre les questions avant même d'en connaître les éléments fondamentaux. C'est ce qui est arrivé pour la détermination de la hauteur de l'atmosphère. Les physiciens appliquant à la hauteur totale la loi du décroissement de la densité que l'on observe dans les couches inférieures, en induisirent immédiatement qu'à une quinzaine de lieues d'élévation, l'air était aussi raréfié que sous le récipient de nos machines pneumatiques, et ils placèrent là les limites de l'atmosphère. C'est encore ce qui est arrivé pour la chaleur centrale du globe. Les géologues constatant un accroissement de 1 degré par 30 mètres, en induisirent qu'à 6 360 000 mètres (rayon moyen de la Terre), le foyer central ne mesure pas moins de 200 000 degrés de chaleur. C'est ce qui est arrivé à chaque instant depuis l'origine de l'histoire des sciences; et l'homme n'est pas encore guéri de l'ambition des systèmes. Cependant, en fait, nous ne savons absolument rien, ni sur le degré d'élévation de la température au centre de la Terre, ni sur la hauteur à laquelle cesse notre enveloppe atmosphérique. Qui nous dit même que cette enveloppe ait une périphérie circonscrite, en valeur absolue, et que, si l'éther existe (autre théorie), il ne soit

pas absolument impossible de tracer la ligne de démar-
cation où le fluide atmosphérique perd son nom pour
prendre celui d'éther?

Les observations que M. Quetelet a faites, recueillies
et provoquées, peuvent être rangées parmi les faits
les plus précieux à enregistrer pour la connaissance de
la nature des étoiles filantes et pour la détermination
de la hauteur de l'atmosphère. La division systéma-
tique que l'on adopte généralement entre les aérolithes, les bolides et les étoiles filantes, paraît perdre
beaucoup de son importance par suite des nouvelles
observations, car il y a certains de ces objets célestes
que l'on ne saurait nommer de l'un de ces noms plutôt
que des deux autres. Il est très-difficile de se rendre
compte de l'apparition des étoiles que l'on nomme *sporadiques* et qui paraissent irrégulièrement, chaque jour,
dans toutes les directions et sous toutes les inclinaisons possibles.

La question de la hauteur de l'atmosphère paraît
plus près d'être résolue, ou du moins elle est posée
en d'autres termes, et les 15 lieues que l'on supposait
jusqu'ici au fluide aérien ne formeraient plus que l'é-
paisseur des couches inférieures. « La partie supérieure, dit M. Quetelet, n'aurait pas nécessairement la
même composition et les mêmes propriétés que nous
connaissons à la partie inférieure; les étoiles filantes
sont brillantes dans l'une et s'éteignent au contraire
dans l'autre; on peut même dire qu'elles y disparaissent entièrement, car aucun observateur ne peut affirmer non-seulement d'en avoir touché une, mais même
d'en avoir jamais examiné une seule de près. C'est vers

la limite de cette atmosphère avec celle dans laquelle nous vivons, que se présentent généralement les aurores boréales, qui s'éteignent comme les étoiles filantes, en passant dans les régions inférieures. On peut considérer l'atmosphère comme se partageant en deux parties, l'une supérieure, d'une densité très-faible et que nous nommons *stable*, par opposition avec l'inférieure, subissant à la fois l'action directe du Soleil et l'action réfléchie par le sol, ayant ses parties changeant de place les unes par rapport aux autres, par suite des dilatations inégales et de l'influence des vents; nous nommons celle-ci atmosphère *instable*. Les mouvements inférieurs se modifient et s'effacent en s'élevant vers l'atmosphère supérieure, dans laquelle se passent les phénomènes de la physique du globe, tels que les aurores boréales, les étoiles filantes et les grands phénomènes magnétiques qui se manifestent par les variations diurnes et mensuelles de l'aiguille aimantée. »

L'élévation des étoiles filantes avait fait soupçonner à sir John Herschel « une espèce d'atmosphère supérieure à l'atmosphère aérienne, plus légère et pour ainsi dire plus ignée. »

M. H.-A. Newton, de New-York, écrivait de même : « Il doit y avoir un genre d'atmosphère qui me semblerait s'étendre à la hauteur de cinq cents milles; les rayons de la grande aurore boréale de 1859 étaient environ à cette élévation. »

M. A. de la Rive pensait également avec M. Quetelet que l'atmosphère s'élève à une hauteur bien plus grande que celle admise généralement, et que cette hauteur est le lieu où se passent bien des phénomènes qu'on a longtemps regardés comme étant extra-atmosphériques.

M. Le Verrier rappelait à ce sujet, dans le *Bulletin de l'Observatoire*, que les astronomes de Paris ont fait, il y a huit ans, une série d'observations simultanées, à Paris et à Orléans, pour arriver à la détermination de la hauteur des étoiles filantes. « L'identité de cinq ou six de ces corps fut constatée; tous étaient à des distances très-grandes et quelques-uns atteignaient à plus de 100 lieues de hauteur. » Trois astronomes observaient simultanément à Paris, dans des conditions qui permirent une exactitude rigoureuse.

On voit qu'il y a de hautes probabilités en faveur d'une plus grande élévation de l'atmosphère. Quant à sa limite, rien n'autorise à la fixer, même approximativement, en un point quelconque. L'opinion des physiciens qui se sont adonnés à de nouvelles recherches sur les étoiles filantes est restée favorable à leur origine *cosmique*. Quoi qu'en disent certains météorologistes, l'origine atmosphérique est tout à fait improbable, et aussi vide que les régions où ils font naître leurs météores.

Nous ne saurions terminer sans rendre compte de l'observation la plus curieuse qui ait été faite, dans ces derniers temps, sur les bolides et les étoiles filantes; nous voulons parler du phénomène observé par M. Jules Schmidt à Athènes, et rapporté comme il suit par M. Haidinger, de Vienne.

C'est la première fois, dit cet astronome, que l'on observe un bolide de premier ordre au moyen d'un télescope. M. Schmidt avait établi, sur la plate-forme de sa maison, qui se trouve au pied du Lykabettos, son chercheur de comètes, d'un grossissement de 8 diamètres, tout prêt, à chaque instant, à être dirigé, en moins de trois secondes, vers un point quelconque du ciel. Occupé à observer les étoiles filantes, le 18 octobre, à $14^h 55^m$, c'est-à-dire le 19 octobre, à $2^h 55^m$ du matin, il aperçut une étoile filante à marche assez lente, de quatrième grandeur à peu près, entre les constellations du Lièvre et de la Colombe.

Deux secondes plus tard, cette étoile était déjà de seconde grandeur; durant la troisième et la quatrième seconde qui suivirent, elle surpassa Sirius en splendeur, offrant une teinte jaune. Elle traversa lentement l'Éridan vers l'ouest, en répandant une lumière si extraordinaire, que toutes les étoiles disparaissaient, et que la ville d'Athènes, la campagne et la mer paraissaient embrasées d'un feu verdâtre, l'Acropole et le Parthénon se détachaient en contours d'un gris mat verdâtre sur le fond du ciel d'un vert doré. Encore une seconde, et c'était un vrai bolide éblouissant, dont M. Schmidt estimait le diamètre à peu près de 10 à 15 minutes : c'est dans ce moment que M. Schmidt approcha l'œil du télescope et poursuivit ce météore pendant la durée de quatorze *secondes* de temps bien comptées. Une nouvelle surprise l'attendait en ce moment : on ne voyait plus un seul corps lumineux, mais on distinguait bien deux corps brillants d'un vert jaunâtre et en forme de gouttes allongées : le plus grand était suivi de près par un autre un peu plus petit, et chacun d'eux laissait une trace ou queue rouge à bords bien définis; ces deux corps étaient suivis encore de corps lumineux plus petits, chacun avec sa trace rouge, et distribués irrégulièrement comme des étincelles dans la masse de la queue du météore. M. Schmidt donne des appréciations des dimensions du météore qui nous paraissent se rapprocher bien près des grandeurs véritables. Les diamètres des deux plus grands noyaux sont estimés à 5o secondes, les diamètres des deux queues ou traînées principales à 3o secondes, la distance entre les deux queues à 7 minutes; en supposant la distance égale à 2o lieues géographiques et en tenant compte de l'irradiation, on aurait 55 pieds pour les noyaux, et 5o pieds pour les queues.

Les points exacts de l'orbite, dont l'étendue dépassait 8o degrés, étaient :

Pour le commencement....   85° ℞; — 31° Déclin.
Pour la fin.............. 355° ℞; — 14° Déclin.

Le météore s'éteignit à peu près à la hauteur de 1 degré au-dessus de l'horizon, sans descendre derrière les montagnes de Styx ou de Kyllène. Il paraissait consister en quatre ou cinq fragments d'un rouge offusqué. On n'a point entendu de bruit, ni pendant ni après la disparition du météore.

C'est assurément là l'une des observations les plus extraordinaires que l'on ait faites depuis longtemps dans cet ordre de faits ; si elle n'a rien ajouté à la solution du problème de la hauteur de l'atmosphère, elle a du moins confirmé ce fait maintes fois constaté : que les étoiles filantes s'éteignent en pénétrant dans les couches atmosphériques inférieures.

A propos des observations précédentes de M. Quetelet, sur la hauteur et l'origine des étoiles filantes, le R. P. Secchi émet les idées suivantes :

« Les étoiles filantes observées à Rome il y a trois ans, avec le télégraphe, ont donné, en valeur approchée, une hauteur de 80 kilomètres au moins. Cela conduit à une hauteur d'atmosphère plus grande qu'on ne l'admet communément. Mais quelle est la composition de cette atmosphère? Cela est impossible à définir. Les phénomènes d'électricité ordinaire, étudiés avec soin, pourront peut-être nous éclairer à l'occasion des aurores. Je suis d'opinion que l'idée qu'on commence à admettre, que l'aurore dépend des décharges d'électricité atmosphérique dans les hautes régions, est juste, et alors il sera d'un grand intérêt de déterminer la hauteur de ce météore dans les lieux qui en sont voisins, en employant aussi le télégraphe. »

M. Hansteen, de Christiania, écrit de même au savant directeur de l'Observatoire de Bruxelles :

« Votre dernier article sur les étoiles filantes et leur lieu d'apparition m'a particulièrement intéressé, à cause de l'idée émise par vous et approuvée par sir John Herschel, H.-A. Newton et Aug. de la Rive, que, en dehors de l'atmosphère inférieure dans laquelle nous vivons (appelée par vous *atmosphère instable*), il en existe une deuxième supérieure, trois fois plus élevée (que vous nommez *atmosphère stable*), d'une composition différente, plus légère, et pour ainsi dire plus ignée. C'est dans cette dernière seulement que les étoiles filantes et les aurores boréales se manifestent comme corps lumineux.

» L'atmosphère supérieure dans laquelle les aurores

boréales et les étoiles filantes apparaissent comme corps lumineux, pourrait alors ne pas être autre chose qu'un hydrogène raréfié, qui est très-léger et très-inflammable. Le temps de la révolution de la comète d'Encke, qui diminue de $\frac{1}{10}$ de jour à chaque révolution, suppose une *résistance du milieu* que l'on explique par la présence d'un certain éther, mais dont on ne connaît pas la nature. Cet éther pourrait bien être cet hydrogène très-raréfié, répandu dans l'espace. »

Dans cette missive à M. Quetelet, l'astronome norvégien s'est permis une petite sortie que nous ne passerons pas sous silence :

« ..... Les lunettes nous montrent sur la Lune des contrées montagneuses et brillantes, des plaines sombres, peut-être d'anciennes mers ou des marais, mais nulle part des traces d'eau ou d'atmosphère. Sur Jupiter nous voyons deux bandes de nuages parallèles à son équateur, par suite l'existence de mers et d'une atmosphère importante. Saturne montre de même des traces d'atmosphère et de vapeurs. Sur Mars, on voit des régions sombres de figure invariable, environnées par la surface plus brillante du reste de la sphère, que l'on peut se représenter comme une mer qui environne les différentes parties du continent solide. Très-probablement, la Terre, vue de Mars, présenterait le même aspect. On pourrait, par conséquent, se représenter la Lune comme *un corps mort*; la Terre comme étant *dans la force de l'âge*; Mars comme se trouvant *dans la jeunesse*; et enfin Jupiter et Saturne comme *continuant une enfance non développée encore.*

» Si ces hypothèses de l'imagination contenaient quel-

que chose de vrai, ajoute M. Hansteen, elles nous donneraient un aperçu sur le passé et sur l'avenir de notre
Terre et de ses habitants. »

Oui, sans doute, *si*... Malheureusement, ce *si* pru-
dent pourrait bien être le mot le plus positif de l'ingé-
nieuse théorie qui précède. M. Hansteen lui-même est
trop versé dans les sciences exactes pour attacher de
l'importance à ces conclusions un peu arbitraires.

Pour revenir aux étoiles filantes, après avoir parlé de
leur élévation, parlons maintenant de leur périodicité,
— d'abord d'une nouvelle période signalée pour le mois
d'avril, ensuite d'une période beaucoup plus longue que
toutes celles reconnues précédemment, et qui n'embras-
serait pas moins de 33 années.

Sir John Herschel communiqua à l'Académie de Belgique une Note, rédigée par son fils, sur une période
nouvelle des étoiles filantes, qui jusqu'à ce jour n'avait
pas encore été signalée à l'attention des observateurs.
Dans les recherches qu'il avait présentées sur ce genre
de phénomènes dans son second catalogue publié en 1841,
M. Quetelet signalait spécialement pour le retour des
étoiles filantes périodiques les nuits du 11 au 12 novembre, du 10 au 11 août, le milieu d'octobre, le 7 décembre et le 2 janvier. M. Alexandre Herschel appelle
aujourd'hui l'attention des observateurs sur la nuit du
20 avril, spécialement recommandée par feu M. Herrick,
de New-Haven (États-Unis). Ce genre de phénomène
périodique mérite trop l'attention des savants pour leur
échapper, surtout après l'appel que leur fait le jeune
savant dont le nom se recommande à tant de titres.

Voici les indications, depuis le commencement de ce

siècle, données par le catalogue du directeur de l'Observatoire de Bruxelles :

« 1841, 19 avril : Dans la Louisiane. (Voir *l'Institut*, 10 mars 1842, n° 428, p. 91.)

» 1838, 20 avril : Nombreux météores observés le soir à Knoxville, Tennessee (Amérique).

» 1803, 20 avril : Depuis 1 heure jusqu'à 3 heures du matin, on vit en Virginie et dans le Massachusetts des étoiles filantes tomber en si grand nombre, dans toutes les directions, qu'on aurait cru assister à une pluie de fusées. Peu de jours après eut lieu la chute de pierres de l'Aigle, etc. »

Voici maintenant les renseignements communiqués par M. Alexandre Herschel :

« M. Herrick a fait, en 1839, une observation décisive à l'égard de la chute nombreuse d'étoiles observées en Amérique, pendant la matinée du 20 avril 1803. Il faut remarquer que la plupart des écrivains européens ont donné la date du 22 avril à cette remarquable apparition.

» Les observations du mois d'avril dernier, faites à Weston-sur-Mer, à Hawkhurst et à Londres, par MM. Wood, sir John Herschel et Alexandre Herschel, sont d'un intérêt spécial pour la périodicité de ce phénomène. Après le coucher de la Lune, les nuits restaient en général favorables pour l'observation. On comptait chaque nuit à Hawkhurst cinq ou six étoiles filantes, de 10 à 11 heures du soir, du côté du nord. Le 18, on n'en voyait que quatre ; le 19, le nombre s'élevait à dix. Le ciel se voila à 10ʰ 45ᵐ. La même nuit, à Weston-sur-Mer, on observait sept étoiles d'un assez grand éclat, depuis 11ʰ 20ᵐ jusqu'à 11ʰ 50ᵐ, en négligeant plusieurs météores moins lumineux.

» A partir de minuit, on comptait à Weston-sur-Mer sept autres étoiles de grand éclat et plusieurs petites. A 3 heures du matin, on voyait à Hawkhurst filer les étoiles (en tombant verticalement de tous cotés); on en comptait dix en un seul quart d'heure (de 3 heures jusqu'à 3ʰ 15ᵐ). Dès lors, on ne fit plus d'observations dans cette nuit du 20 avril. Le soir du 21, il y eut dans toute l'Angleterre un grand orage qui empêcha les observations. Le soir du 22, le ciel était beau; mais on put reconnaître, à Hawkhurst et à Londres, qu'une heure avant minuit et un quart on ne vit pas un seul météore, malgré un ciel parfaitement clair. L'orage d'étoiles s'était éteint pendant la matinée du 21 avril, et il n'en restait rien dans la soirée suivante.

» On peut constater aussi l'exactitude de l'observation de M. Herrick, et s'assurer que ce n'est pas le matin du 22 avril que la chute des étoiles filantes atteint son maximum. Pourtant on peut voir que soixante ans après 1803, l'époque du maximum a retardé d'un jour entier, puisqu'il s'est montré en Angleterre avec un éclat très-remarquable dans la matinée du 21 avril dernier.

» Cette comparaison s'accorde très-bien avec les recherches de M. Herrick, publiées dans le même Mémoire du journal américain des arts et des sciences. Ce savant a indiqué des chutes pareilles dans les matinées du 5 avril 1095 et 1122. Dans le premier cas, on croit reconnaître que la chute a retardé d'un jour en soixante ans. Dans le dernier cas, elle devrait avoir retardé d'un jour en quarante-sept ans. »

Aux déterminations qui précèdent nous ajouterons la date du 19 avril 1808, époque de la chute considérable de pierres météoriques qui eut lieu à Bargo-San-Donino, près de Parme (Guidatti et Sgagnoni). Cette date rappelle également la chute du fameux aérolithe tombé à Santa-Rosa, dans la Nouvelle-Grenade, pendant la nuit du 20 au 21 avril 1810. C'est un des plus lourds aérolithes connus; il ne pèse pas moins de 750 kilogrammes; son volume est égal à $\frac{1}{10}$ de mètre cube. La pluie de pierres citée par le savant et persévérant M. Herrick, à la date du 5 avril 1095, nous paraît offrir plus d'un caractère d'identité avec la chute d'aérolithes rapportée par Arago à la date du 4 avril 1093. S'il s'agissait d'un seul phénomène, il serait important de déterminer à quelle année il appartenait. Arago cite la phrase suivante, extraite du Mémoire de M. Chasle : « Le 3 avril 1093, on vit, au lever de l'aurore, un grand nombre d'étoiles tomber du ciel sur la Terre, et même une très-grande d'entre elles fut trouvée sur le sol. » C'est aux successeurs de Chladni à décider la question.

Périodicité des étoiles filantes. — La périodicité annuelle des étoiles filantes au mois d'août et au mois de novembre est devenue un fait incontestable, appuyé sur une longue série d'observations. On savait déjà depuis longtemps que la Terre rencontre un plus grand nombre de météores cosmiques, quand elle se rend de l'aphélie au périhélie, qu'en marchant du périhélie à l'aphélie, que ces apparitions sont environ trois fois plus nombreuses de juillet à décembre que de janvier à juin. En discutant ensuite les nombres fournis par les observations mensuelles, on reconnut que les mois d'août et de novembre étaient signalés d'une manière remarquable ; il sembla que la Terre devait passer à ces deux époques par deux anneaux d'astéroïdes circulant autour du Soleil. Ces apparitions étaient connues de date ancienne. Pour n'en citer qu'un exemple, c'était une tradition chez les catholiques d'Irlande, que les étoiles filantes du mois d'août étaient les larmes brûlantes de saint Laurent, dont la fête se célèbre le 10 août. On croyait de même en Thessalie que dans la nuit de la Transfiguration, 6 août, le ciel s'entr'ouvrait, et que des flambeaux apparaissaient à travers cette ouverture. Ces traditions populaires étaient fondées.

Mais cette périodicité annuelle ne paraît pas unique. En comparant les dates d'apparitions remarquables, enregistrées historiquement depuis un grand nombre de siècles, et dont quelques-unes remontent même à l'histoire chinoise d'avant notre ère, on peut reconnaître une autre périodicité *d'un tiers de siècle* environ, du moins pour les apparitions de novembre. Ce fait résulte notamment de la dernière communication de M. H.-A. Newton, de New-Haven, à M. Quetelet pour l'Académie de Belgique.

M. Newton a pu remonter de période en période jusqu'à l'année 902. Son cycle historique embrasse ainsi une étendue de plus de neuf siècles. La première date de ce cycle est fixée par l'apparition du 13 octobre 902 ; la dernière par l'apparition mémorable du 13 novembre (ou le 1er, ancien style) de l'année 1833. Entre ces deux dates, il s'est écoulé 931 années, dont 233 ont été bissextiles. Cet intervalle renferme 931 périodes de

365,27 jours. Un coup d'œil jeté sur les dates montre qu'il existe un cycle d'environ un tiers de siècle, et que, pendant une période de deux à trois ans, à la fin de chaque cycle, on peut attendre le retour d'une averse d'étoiles filantes. Les deux averses de 1832 et 1833, par exemple, montrent que la dernière était à peu près à la fin de cette courte période. De la même manière, les deux averses de 902 et 934, séparées seulement par trente-deux années, appartiennent, la première à la fin de cette période, et l'autre à son commencement. Si l'on divise cette période par 28, le résultat 33,25 années représentera la durée théorique du cycle. Or, les observations concordent d'une manière satisfaisante, concluante même, avec les dates données par la théorie. Les onze retours périodiques réunis par l'auteur s'adaptent aux périodes calculées ; ils ont eu lieu dans les années 902, 931 à 934, 1002, 1101, 1202, 1366, 1533, 1602, 1698, 1799, 1832 à 1833.

Nous ajouterions volontiers à ces dates celles de 837, 12 novembre, apparition notable en Chine (Biot) ; de 899 et 901, le 18 et le 30, Égypte (Quetelet) ; de 930, le 29, averse d'étoiles filantes en Chine (Biot), et celle de 966.

On a tenu compte des perturbations qui peuvent avoir été produites par les corps planétaires et par la Lune. Si les comètes éprouvent des perturbations considérables par l'attraction des corps planétaires, à plus forte raison doit-il en être ainsi dans la marche des étoiles filantes.

Reste toujours à décider si un anneau, autour du Soleil, de densité uniforme dans son circuit, représente sans difficulté la nature de ces groupes. Dans tous les cas, c'est un fait acquis à la science qu'une connexion existe entre les chutes d'aérolithes, les apparitions de bolides et d'étoiles sporadiques, et les époques signalées plus haut pour les étoiles filantes. Les recherches dirigées vers l'un de ces divers points feront en même temps avancer la question sous tous les autres.

Pour les étoiles filantes, comme pour les bolides, comme pour les aérolithes, l'origine cosmique paraît de plus en plus évidente; l'hypothèse qui faisait naître ces météores dans l'atmosphère terrestre ne tardera probablement pas à perdre ses derniers partisans. Et ici, nous citerons une phrase de sir John Herschel à M. Quetelet : « Je ne puis qu'admettre, dit-il, la nécessité de leur attribuer une origine cosmique; autrement, je ne vois nulle part une explication tant soit peu admissible de la persistance, d'année en année, du même point de rayonnement par rapport aux astres, ni de leur récurrence si régulière aux mêmes jours, sinon par la rencontre de la Terre avec un anneau de « quelque chose » circulant autour du Soleil. Sans doute, cette explication laisse beaucoup *à expliquer,* mais elle satisfait au moins aux deux grandes conditions du problème, et ces deux conditions sont les plus marquantes. »

Si, comme tout porte à le croire, la période 33,25 représente le cycle de périodicité des étoiles filantes, l'année 1866 marquera le retour des grandes apparitions. Attendons.

Déjà M. Schmidt, de l'Observatoire de Bonn, avait appelé l'attention de M. de Humboldt sur cette période d'un tiers de siècle en même temps que sur le point de convergence (dans Persée) qui fournit le plus grand nombre de météores. M. Herrick pensait de même. Antérieurement encore, Olbers avait soupçonné que les grandes apparitions ne devaient revenir qu'après une période de trente-quatre ans. Mais c'est à l'analyse rigoureuse des dates, autant du moins que cela est possible dans une telle question, qu'il appartient de fixer un cycle incontestable.

Terminons ce chapitre sur les aérolithes par la relation de la fameuse chute du 14 mai 1864.

Le bolide du 14 mai. — L'apparition de ce bolide a trop vivement intéressé pour que nous ne donnions pas ici le résultat définitif des observations. Voici d'abord des lettres envoyées des divers points du département de Tarn-et-Garonne et environs à M. Le Verrier, qui les a consignées dans le *Bulletin.* Elles sont inscrites dans l'ordre suivant : MM. Vidaillet (Nérac), d'Esparbès (Saint-Clair), de Lafite (Astaffort), Béraut (Gouzon), Jollois (Blois), et Bergé (la Magdelaine). Nous laisserons parler chaque observateur, afin de ne pas enlever au récit le pittoresque qui s'attache aux impressions spontanées.

« *A.* — Hier au soir (14 mai), vers les 8 heures, nous avons vu passer sur Nérac un phénomène céleste, que je juge être un corps sidéral, un aérolithe, par exemple. Il était très-lumineux. Quatre ou cinq minutes après son passage sur notre horizon, nous avons entendu le bruit d'une très-forte détonation accompagnée d'un sourd et sinistre grondement simulant celui du tonnerre, qui a duré une minute à peu près ; si, comme tout l'annonce, un astéroïde est tombé sur le sol, il y est arrivé, d'après mes calculs, à la distance de 12 ou

15 lieues d'ici, dans le champ du triangle formé par les villes d'Agen, Auch et Montauban. Peu après son passage sur la ville de Nérac (environ quelques minutes), il poursuivait sa course en vue d'Agen ; il est apparu aussi à Montauban, où, d'après une dépêche télégraphique, on a entendu le bruit de l'énorme explosion, une centaine de secondes après que cette détonation avait frappé nos oreilles ici. Même éclat, même détonation se sont produits, à ce qu'on raconte, à 12 kilomètres de Nérac, d'où il se précipitait vers Nérac en suivant la direction N.-O. à S.-E. En ce cas, ne pourrait-on pas admettre qu'il y ait eu déjà une ou deux chutes partielles du bolide avant son arrivée sur l'horizon de Montauban, et ne serait-il pas difficile d'expliquer autrement cette double détonation si extraordinairement bruyante?

» *B.* — A 8^h 13^m, un effet de lumière prodigieux est venu inonder la ville. Chacun a cru se trouver au milieu des flammes. Cet effet a duré environ cinquante secondes ; il a été produit par quelque chose à peu près de la grosseur de la Lune à son plein, qui s'est dirigé comme une étoile filante, laissant à sa suite une traînée de feu légèrement bleuâtre. Cette traînée a disparu peu à peu, et le ciel est redevenu serein ; cependant dix minutes après, ça produisait encore l'effet d'un long nuage fixe. Deux minutes environ après ce résultat de lumière électrique produit, une détonation comparable au bruit d'une pièce de canon, se prolongeant de quatre-vingts à cent secondes, s'est fait entendre.

» *C.* — A 8 heures et quelques minutes du soir, j'étais dans mon jardin. Une très-vive clarté, très-blanche, m'a entouré subitement. Je levai la tête, et deux ou trois secondes après, je vis apparaître le météore au-dessus d'un massif d'ormeaux ; je le suivis dans la direction du sud-est, où il alla s'éteindre à environ 30 degrés au-dessus de l'horizon. Il laissa sur sa route, bien au-dessus de lui, un petit nuage blanc très-éclatant. Il vous est sans doute arrivé d'observer un petit jet instantané de vapeur et de fumée projeté par un morceau de bois brûlant dans une cheminée. C'est exactement l'effet que m'a produit l'émission du petit nuage, et deux ou trois secondes après, le météore s'est éteint, non comme une bombe qui éclate, mais comme une lampe qui s'éteint : vif accroissement de lumière blanche, remplacé par un globe terne et rougeâtre, puis plus rien. Le petit nuage avait alors des contours très-arrêtés comme au moment de sa formation, et un ruban également semblable et qui avait 3 mètres de long et à peu près 25 centimètres de large. J'ai à cet instant regardé ma montre pour voir combien de temps il durerait. Il a commencé par onduler un peu, puis ses contours se sont agrandis en perdant de leur netteté ; et prévoyant qu'il disparaîtrait insensiblement, je ne m'en suis plus occupé. J'estime que le bruit de l'explosion a mis un peu plus de quatre minutes à nous parvenir. Il me semble que pour accorder les directions observées, il faudrait admettre que, au moment de l'émission du petit nuage, le météore a fait un crochet et subi une déviation.

» *D.* — J'étais sur la route départementale de Gouzon à Boussac, à 1 kilomètre d'ici, lorsque mon attention fut attirée par une lueur soudaine, quoique faible. En levant les yeux, j'aperçus une traînée de feu dans l'air.

La longueur du feu paraissait de plus de 1 kilomètre et
1 mètre de diamètre. Quand le météore s'éteignit, il y
eut comme une explosion avec un pétillement d'étincelles formant étoiles de feu comme dans les fusées d'artifice : la Lune se voyait à gauche, à une distance égale
à la longueur de la fusée. »

Cet observateur n'aura probablement vu que le nuage
comparé tout à l'heure à un rideau par le précédent.

« *E.* — Le météore avait l'apparence d'une très-forte
fusée d'artifice et se mouvait assez lentement (S.-S.-O.)
en s'abaissant vers l'horizon, suivant une direction in-
clinée de 25 degrés. Je ne l'ai vu que pendant quelques
secondes. Son éclat et sa couleur ont beaucoup varié
pendant ce temps. D'un blanc éclatant, il laissait derrière lui une petite traînée lumineuse : puis sa couleur
devint rouge, et en même temps il lança un grand nombre d'étincelles et disparut dans la direction du sud,
derrière la colline qui forme la rive gauche de la vallée de la Loire. La vitesse apparente du météore, non
plus que sa direction, ne parut pas changer pendant le
temps que je pus l'observer.

» *F.* — L'aérolithe a jeté une lumière si vive, que nous
nous sommes tous vus entourés de feu, et nous avons
cru, dans notre surprise, à quelque cataclysme. Ce météore a été vu dans plusieurs départements. Jugez de
sa beauté, de son éclat et de sa grosseur. D'abord globe
de feu gros comme le disque de la Lune et silencieux
comme elle, il s'est ensuite ouvert en gerbe ou en bou-
quet de fusées répandant des milliers d'étincelles et
marchant toujours. Puis il a disparu, laissant un nuage
de fumée qui est demeuré longtemps suspendu dans les

airs à la même place. Il ne faisait point de vent. Après sa chute, et pendant cinq ou six minutes, on a entendu un grand bruit pareil à de fortes détonations d'artillerie lointaine, répétées et prolongées, ou à un tremblement de terre. Aussi tout le monde était-il dans la stupeur et la consternation. »

Les millénaires auront eu un moment de triomphe. On sait que la chute des étoiles signalera les approches de la fin du monde, et que les millénaires attendent celle-ci d'année en année depuis la destruction du temple de Jérusalem. Espérons qu'ils attendront longtemps encore.

Les observations que nous venons de rapporter ont suggéré à M. Daubrée les remarques suivantes : « Les circonstances signalées sont remarquablement concordantes quant aux faits principaux : elles diffèrent pour les détails comme pour les estimations numériques : ce qui s'explique par le peu de durée du phénomène et la surprise qu'il a produite chez ceux qui en ont été témoins.

» Il y a notamment une circonstance sur laquelle il ne peut exister de doute : c'est le long intervalle écoulé entre l'explosion visible du météore et la perception du bruit qui en a été la conséquence. Cet intervalle a été signalé à Saint-Clar (Gers) de deux minutes; à Agen, de trois à quatre minutes; à Astaffort (Lot-et-Garonne), de quatre minutes; à raison d'une vitesse de 333 mètres par seconde, un intervalle de deux minutes seulement correspondrait à 40 kilomètres. En réduisant convenablement cette distance pour les localités où l'explosion a eu lieu au zénith, on voit que le phénomène se serait néan-

moins passé à une hauteur où l'air est excessivement
raréfié. Or, pour qu'une explosion produite dans des
couches d'air aussi raréfiées ait donné lieu, à la surface
de la Terre, à un bruit d'une pareille intensité et sur
une étendue horizontale si considérable, il faut admettre que sa violence dans les hautes régions ait dépassé
tout ce que nous connaissons.

» L'observation de Gisors (Eure), due à M. Brongniart,
est la plus septentrionale qui nous soit parvenue jusqu'à présent. Il en résulte que le météore a disparu
sous l'horizon bien avant d'éclater, et cependant on ne
saurait douter que ce soit bien le même phénomène. Ce
fait aussi peut fournir une limite supérieure de la hauteur du météore, au moment de son explosion finale.
Cette hauteur est de 30 000 mètres environ.

» A la suite de ce splendide phénomène, il y a eu une
chute de pierres météoriques, et ici, comme d'ordinaire,
le corps qui avait manifesté son arrivée par une lumière
et un bruit si imposants, s'est borné à laisser tomber
sur notre globe des éclats insignifiants de quelques centimètres de diamètre, comme les choses se passeraient
si la plus grande partie de la masse météorique ressor-
tait de l'atmosphère pour continuer son orbite, n'aban-
donnant que quelques parcelles dont la vitesse se serait
trouvée amortie. On a recueilli des aérolithes entre
Orgueil et Nohic, à 18 kilomètres de Montauban. Il paraîtrait même qu'il en serait tombé, au même instant,
dans d'autres régions de la France. »

Notre correspondant, M. le docteur Allaire, a aperçu
le météore sur le plateau de Féricy, entre Féricy et Vu-
laine (Seine-et-Marne). Il était 8 heures et quelques

minutes; M. Allaire le vit pour la première fois à une hauteur de 45 degrés environ au-dessus de l'horizon, se dirigeant vers le sud-ouest. Il s'éteignit insensiblement en s'évanouissant dans l'espace. Quelques instants avant de s'éteindre, il parut subir une sorte de gonflement lumineux, duquel se sont détachés quelques fragments. Un second épanouissement précéda immédiatement l'extinction définitive.

On sait que cet aérolithe appartient à un type rare et précieux pour nous. On y a reconnu la présence du carbure de fer. Comme échantillons des autres mondes, ce sont les meilleurs que nous ayons, parce que leur analyse chimique semble révéler l'existence d'êtres organisés sur les globes d'où ils viennent.

Une théorie récente fait jouer aux aérolithes un rôle fort important dans la physique du globe. Elle considère ces pierres tombées du ciel au point de vue des substances qu'elles apportent à la surface de la Terre. C'est dans les termes suivants que notre savant confrère le D^r Hœfer présente cet aperçu, édité par M. de Reichenbach, laborieux physicien, qui a fait des aérolithes l'occupation spéciale de sa vie.

L'auteur insiste beaucoup sur la formation granuleuse des météorites, qui peuvent exister aussi bien à l'état de poussière impalpable, répandue dans les espaces, que sous forme de conglomérats du poids de plusieurs centaines de kilogrammes. Ce sont, dit-il, ces grains impalpables qui, en pénétrant dans notre atmosphère, s'échauffent, se fondent et nous apparaissent sous forme d'étoiles filantes. A l'aide du télescope, ou peut en distinguer des amas considérables, pareils à des étoiles de 8e à 6e grandeur. Quelque ténue que soit cette poussière météorique, elle doit, en pénétrant dans notre atmosphère, communiquer quelque chose de matériel à la surface de la Terre. Mais comment parvenir à le démontrer? Voici le procédé suivi à cet égard par M. de Reichenbach.

Ce qui distingue les pierres d'origine météorique de nos rochers ordinaires, c'est la présence du nickel et du cobalt. Ces métaux ne manquent jamais dans la composition de la poussière cosmique, tandis qu'ils sont très-rares dans les minéraux de la croûte terrestre. Quant aux autres corps, tels que le fer, la silice, le soufre, étant également communs de part et d'autre, ils ne sauraient servir de critérium.

Fort de ces considérations, l'auteur avisa une montagne couverte de hêtres, le Labisberg, de 400 mètres de haut, et se mit à analyser quelques poignées de terre choisie le plus près possible du sommet de cette montagne, dans les endroits où jamais l'homme n'avait porté ni pioche ni hache. A sa grande surprise il constata des traces sensibles de nickel et de cobalt. Il répéta le même essai sur des terres prises dans d'autres localités, et il obtint toujours à peu près les mêmes résultats. Dans un seul endroit, le cobalt manquait : le nickel n'était accompagné que de cuivre. Notons que ces localités avaient pour constitution géologique le keuper siliceux et calcaire, qui exclut naturellement la présence du nickel et du cobalt.

Il est à regretter que M. de Reichenbach n'ait pas exécuté ces analyses avec toute la précision désirable. Il nous apprend lui-même qu'en raison de leur petite quantité, il n'a pas pesé le nickel et le cobalt. Il en estime néanmoins le poids à un dix-millième de la terre examinée.

Les météores renferment aussi de la magnésie et du phosphore. Ces deux substances ne devaient-elles pas être également très-répandues à la surface de la Terre? A cette question, l'auteur répond par un fait bien connu. Tous les agronomes savent que le sol arable contient toujours, sans exception, un peu moins de phosphore que n'en rendent à l'analyse les grains de blé, et que la Terre serait inféconde si, par le moyen de la poudre d'os, du guano ou des cendres, on ne lui restituait pas le phosphore que consomme la végétation. Or, depuis longtemps, ils se sont vainement demandé d'où pouvait venir ce phosphore si universellement répandu. Quant à la magnésie, sa présence dans des terrains qui en sont naturellement exempts est un phénomène non moins étrange. Certains sols sont si pauvres en magnésie, que le blé y trouve à peine la quantité nécessaire à la formation des enveloppes de graines. Cependant la magnésie n'y manque jamais absolument.

Or, tout s'explique quand on se rappelle que le phosphore et la magnésie entrent, comme le nickel et le cobalt, dans la composition des météorites. Ces substances sont, en grande partie, d'origine cosmique.

Les étoiles filantes sembleraient donc *fournir* journellement, depuis des milliers d'années, la quantité de phosphore (à l'état de phosphate) et de magnésie nécessaire à la fertilisation de nos champs. Cette espèce de pluie invisible, qui couvrirait sans cesse notre globe d'une matière fine et impalpable, serait attestée par la présence du cobalt et du nickel. Si ces données se confirment, elles seront une nouvelle preuve que tout se tient dans l'univers, matière et mouvement.

L'un des observateurs anglais qui se sont le plus occupés des aérolithes, M. Miller, proposa à la Société Royale de Londres la question de décider quelle est *la plus ancienne mention des aérolithes*. Il croit avoir trouvé dans un passage d'Homère la mention de deux aérolithes tombés dans la plaine de Troie. Au commencement du chant XVe de l'*Iliade*, Jupiter reproche à Junon d'avoir causé la fuite des Troyens, et il la menace de nouveaux châtiments. « Ne te rappelles-tu pas, ajoute-t-il, lorsque tu étais pendue au ciel et que j'avais attaché à tes pieds deux enclumes et entouré tes mains d'un lien d'or indissoluble? Tu demeurais suspendue dans l'éther et dans les nuages, et les dieux s'en lamentaient dans le vaste Olympe (XV, 18-22). » Les derniers vers (20-22) manquent dans quelques éditions. On les avait considérés comme une interpolation empruntée aux doctrines des philosophes grecs.

M. Miller voit dans les *enclumes* deux aérolithes, et à l'appui de son opinion il cite le témoignage d'Eustathe, célèbre commentateur d'Homère et archevêque de Salonique. Eustathe rapporte qu'on montrait encore de son temps (XIIe siècle) les deux enclumes dont parle Homère, et que la tradition les donnait comme des pierres tombées du ciel.

M. Haidinger, autre spécialiste, adopte entièrement l'opinion de M. Miller. Il fait observer que les doubles chutes de fer météorique ne sont pas des phénomènes très-rares, et il cite à cette occasion les deux masses aérolithes tombées le 14 juillet 1847 près de Braunau, en Bohême, et celles qu'on a rencontrées près de Cranbourne, en Australie, dont l'une pèse 1500 et l'autre 6000 kilogrammes.

S'il peut rester beaucoup de doute sur l'authenticité des *enclumes* météoriques d'Homère, il n'en est pas de même de la pierre d'Ægos-Potamos, qui tomba en 405 avant Jésus-Christ et qui est mentionnée dans la *Chronique de Paros*. Toutes les tentatives pour retrouver cette pierre ont été jusqu'ici infructueuses. Cependant il n'est guère probable, comme l'avait déjà fait observer Alexandre de Humboldt, qu'une masse « grosse comme une double meule de moulin et du poids de la charge entière d'une voiture », ait complétement disparu.

Voici les plus anciens aérolithes historiques, ceux qui sont tombés avant l'ère chrétienne. Nous extrayons ces dates de la liste générale d'Arago :

? 1478 avant notre ère, en Crète : la pierre de foudre dont Malchus parle, probablement regardée comme le symbole de Cybèle. (*Chronique de Paros*.)

La pluie de pierres dont parle Josué n'était peut-être que de la grêle.

1460. « Dieu envoya de grandes pierres du ciel. » (CONRAD LYCOSTHÈNE, *Prodigiorum ac ostentorum chron.*)

1200. Pierres conservées à Orchomènes. (PAUSANIAS.)

? 1168. Une masse de fer sur le mont Ida, en Crète. (*Chronique de Paros*.)

? 705 ou 704. L'Ancyle, probablement une masse de fer à peu près de la même forme que celle du Cap et d'Agram. (PLUTARQUE.)

654. Pluie de pierres sur le mont Albain. (TITE-LIVE, I, 31.)

644 (au printemps). Cinq pierres dans le pays de Song, en Chine. (DE GUIGNES.)

465. Chute d'une grande pierre près du fleuve Ægos, en Thrace. (PLUTARQUE, PLINE et autres.) Une pierre près de Thèbes. (*Scholiaste* de PINDARE.)

459. Il pleut des pierres dans le Picenum (Marche d'Ancône). (LYCOSTHÈNE.)

403. Chute d'une pierre considérée comme un présage. (LYCOSTHÈNE.)

344. Pluie de pierres à Rome. (JULIUS OBSEQUENS.)

211. Chute d'une pierre en Chine. (DE GUIGNES et *Histoire générale de la Chine*.)

De 206 à 205. Pierres ignées. (PLUTARQUE, *Fab. Max.*, c. 2.)

200. Il pleut des pierres. (LYCOSTHÈNE.)

192. Une pierre en Chine. (DE GUIGNES.)

176. Une pierre dans le lac de Mars. (TITE-LIVE, XLI, 9.)

90 ou 89. *Lateribus coctis pluit.* (PLINE et JULIUS OBSEQUENS.)

89. Deux pierres à Yong, en Chine. (DE GUIGNES.)

54. Fer spongieux en Lucanie. (PLINE.)

? 46. Pierres à Acilice, en Afrique. (CÉSAR.)

38, 29, 22 (au printemps); 19, 12, 9, 6. Chutes de pierres en Chine. (DE GUIGNES.)

On peut ajouter à la liste précédente les aérolithes tombés à des époques qu'on ne peut pas déterminer :

La *Mère des dieux*, tombée à Passinonte.

L'*Elagabale*, à Umisa, en Syrie.

La pierre conservée à Abydos, en Asie Mineure, est celle de Cassandrie, en Macédoine. (PLINE, II, 59, 3.)

La pierre noire et encore une autre qui se trouvent dans la Kaaba de la Mecque.

La pierre conservée dans le siége de couronnement des rois d'Angleterre n'est pas, comme on l'avait pensé, une pierre météorique.

« Nous devons à la diligence des Chinois, qui n'ont laissé passer aucun phénomène sans l'enregistrer, dit Humboldt, la connaissance des plus anciens aérolithes dont on ait déterminé la date précise. Leurs renseignements remontent à cet égard jusqu'à l'an 644 avant notre ère, c'est-à-dire jusqu'au temps de Tyrtée et de la seconde guerre de Messine. L'immense masse météorique qui tomba en Thrace, près d'Ægos-Potamos, au lieu que plus tard devait rendre célèbre la victoire de Lysandre, est postérieure de 176 ans. Édouard Biot a trouvé dans le recueil de Ma-tuan-lin, qui contient des passages empruntés à la section astronomique des plus anciennes annales de l'empire, seize chutes d'aérolithes pour l'intervalle compris entre le milieu du VIIe siècle avant Jésus-Christ et l'an 333 de l'ère chrétienne, tandis que les écrivains grecs et romains ne citent, dans le même laps de temps, que quatre phénomènes du même genre.

» Il est remarquable que l'école ionienne, d'accord avec le sentiment des modernes, ait admis déjà l'origine cosmique des pierres météoriques. L'émotion que l'imposant phénomène d'Ægos-Potamos produisit dans toutes les populations helléniques dut exercer sur la direction et le développement de la physique ionienne une influence décisive, dont on n'a point tenu assez de compte. Anaxagore de Clazomène pouvait avoir 32 ans lorsque cet événement arriva. Son opinion est que les étoiles sont des fragments de rochers détachés de la Terre par la force du mouvement giratoire, que le ciel tout entier est formé de pierres. (*Voyez* PLUTARQUE, *Des Opinions des Philosophes*, liv. III, ch. 13, et PLATON, *Des Lois*, liv. XII.) Ces corps pierreux sont rendus incandescents par l'éther ambiant, qui est de nature ignée, et font rayonner la lumière que cet éther leur communique. Anaxagore dit encore, au rapport de Théophraste, qu'au-dessous de la Lune, entre ce corps et la Terre, se meuvent d'autres corps obscurs capables de produire des éclipses de Lune. (*Voyez* STOBÉE, *Eclogæ physicæ*, lib. I, p. 550; DIOGÈNE LAERCE, lib. II, cap. 12; ORIGÈNE, *Philosoph.*, cap. 8.) Diogène d'Apollonie, qui, sans être le disciple d'Anaximène, appartient vraisemblablement à une époque intermédiaire entre Anaxagore et Démocrite, exprime plus clairement encore sa pensée sur la structure du monde. Il paraît avoir reçu une impression plus vive de l'événement naturel qui arriva en Thrace dans a XXVIIIᵉ olympiade. D'après lui, ainsi que je l'ai déjà dit ailleurs (*Cosmos*, t. L, p. 150), avec les étoiles visibles se meuvent aussi des masses d'étoiles invisibles auxquelles on n'a pu, par conséquent, donner de noms. Ces étoiles tombent quelquefois sur la Terre et s'éloignent, comme cela est arrivé pour l'*étoile de pierre* qui tomba près d'Ægos-Potamos. (STOBÉE, *Eclogæ physicæ*, lib. I.)

» L'opinion de quelques philosophes naturalistes sur les météores ignés, tels que les étoiles filantes et les aérolithes que Plutarque expose en détail dans la *Vie de Lysandre* (ch. 12), est exactement celle de Diogène de Crète. Il est dit dans ce passage que « les étoiles » filantes ne sont pas des parties du feu éthéré qui » en découlent ou s'en détachent, et s'éteignent, aus-» sitôt après s'être enflammées, en entrant dans notre » atmosphère; que ce sont plutôt des corps célestes » qui, soustraits au mouvement de rotation générale, » sont précipités vers la Terre. » De Thalès et d'Hippon jusqu'à Empédocle, on ne trouve plus chez les philosophes de l'école ionienne l'hypothèse de corps célestes obscurs, ni rien qui rappelle ces vues cosmographiques de leurs devanciers. L'effet produit par l'aérolithe d'Ægos-Potamos était pour beaucoup dans les spéculations auxquelles on se livre relativement à la chute des corps obscurs. Un écrivain postérieur, le pseudo-Plutarque, se borne à dire (*Des Opinions des Philosophes*, liv. II, ch. 13) que Thalès de Milet considérait tous les astres comme des corps enflammés, bien que terrestres. La première école ionienne se proposait pour but de découvrir l'origine des choses, et cette origine, elle l'expliquait par le mélange, par des changements graduels et par la transformation des substances; elle croyait à la génération progressive des corps par la condensation et la raréfaction. Le mouvement de révolution de la sphère céleste, qui maintient la Terre au point central, est déjà cependant mentionné par Empédocle comme une force cosmique réellement agissante. Dans les premiers tâtonnements qui préparèrent les théories physiques de l'éther, l'air igné et le feu lui-même représentent la force expansive de la chaleur; de même on rattachait à cette haute région de l'éther l'idée du mouvement giratoire qui entraînait tout avec lui et arrachait violemment les rochers du sol de la Terre. C'est pour cela qu'Aristote (*Meteorolog.*, lib. I) nomme l'éther « le corps » animé d'un mouvement éternel », comme l'on dirait le substratum immédiat du mouvement; et à l'appui de cette définition il cherche des raisons étymologiques. Par le même motif encore, Plutarque dit, dans la *Vie de Lysandre*, que la cessation du mouvement giratoire détermine la chute des corps célestes; et dans un autre passage, qui fait évidemment allusion aux opinions d'Anaxagore et de Diogène d'Apollonie (*De la face qui paraît dans le disque de la Lune*), il affirme que la Lune, si son mouvement de rotation venait à cesser, tomberait à Terre comme une pierre lancée par une fronde. Cette comparaison nous montre l'idée de la force centripète se faisant jour peu à peu pour balancer la force centrifuge, par laquelle Empédocle expliquait le mouvement apparent de la sphère céleste. La force centripète est signalée plus clairement encore par le plus pénétrant de tous les commentateurs d'Aristote, par Simplicius (p. 491, éd. Brander). Simplicius explique l'équilibre des corps à rester par cette raison que la force du mouvement giratoire l'emporte sur la force qui les sollicite à tomber.

» Tels sont les premiers pressentiments qui se firent jour au sujet des forces centrales. Un disciple d'Ammonius Hermeus, l'Alexandrin Jean Philopon, qui vivait vraisemblablement au vi⁰ siècle, va plus loin : comme s'il reconnaissait l'inertie de la matière, il expliqua par la révolution des planètes une impulsion primitive qu'il rattache ingénieusement à l'idée de la chute des corps, à la tendance qui attire vers la Terre tous les corps lourds ou légers. » (*De la Création du Monde*, liv. I, ch. 12.)

VI.

NÉBULEUSES ET HISTOIRE DU MONDE.

« Depuis l'invention des lunettes astronomiques, disait M. Briot à l'une des soirées scientifiques de l'Observatoire, le domaine de l'Astronomie s'est beaucoup agrandi. Au delà des étoiles visibles à l'œil nu on a découvert une multitude d'étoiles plus petites, ou du moins que l'éloignement nous empêchait d'apercevoir; par de là encore, dans les profondeurs des cieux, on a reconnu l'existence d'astres d'une nouvelle espèce : ce ne sont plus de simples points brillants comme les étoiles, mais des masses blanches d'apparence laiteuse, de formes variées, semblables à des nuages. C'est pourquoi on leur a donné le nom de *nébuleuses*. La première nébuleuse a été découverte par Simon Marius en 1612; on en connaît aujourd'hui près de cinq mille. Les nébuleuses forment donc un élément important dans l'ensemble de la création; mais elles méritent surtout notre intérêt par la variété de leurs formes et les idées qu'elles ont suggérées relativement à la constitution de l'univers et à la formation des mondes. »

Parmi les derniers travaux relatifs à ce vaste sujet d'étude, on doit signaler en première ligne ceux de l'astronome anglais lord Ross, qui forment sans contredit l'un des plus beaux trophées de l'Astronomie au XIXᵉ siècle. Le savant comte s'adonne à cette étude depuis un quart de siècle, et c'est à lui que nous devons les plus intéressantes découvertes qui ont été faites dans cette branche d'observation. Après avoir construit lui-même de grands miroirs, depuis 3 pieds jusqu'à 6 pieds anglais de diamètre, et depuis 27 jusqu'à 56 pieds de distance focale, il établit lui-même, à l'exemple de William Herschel, les télescopes destinés à ses observations. Son dernier télescope fut construit en 1844, et établi, comme l'on sait, dans le parc de Parsonstown, comté d'Irlande, au nord-ouest de la capitale. C'est avec cet instrument que lord Ross a résolu des nébuleuses que l'on croyait jusque-là irrésolubles.

On se rappelle la sensation que produisit dans le monde savant (c'était, si notre mémoire est fidèle, en 1848 ou 1849) l'annonce de la splendide nébuleuse en spirale située dans la constellation des Chiens de chasse, par 13ʰ 23ᵐ d'ascension droite et 48 degrés de décli-

naison boréale. Sir John Herschel avait dessiné cette
nébuleuse sous la forme d'un anneau de matière cosmique diffuse, divisé en deux branches au sud-ouest;
on voyait de plus, un peu au-dessus, un petit amas
blanchâtre qui semblait lui appartenir. Notons, par parenthèse, que cette nébuleuse, ainsi dessinée, représentait assez bien l'aspect que notre voie lactée doit
offrir de loin à un observateur placé sur une ligne perpendiculaire au plan de la voie lactée, et nous repro-
duisait, comme dans un miroir lointain, l'image de
notre monde sidéral. Or cette nébuleuse, qui semblait
être de notre famille, fut soudain métamorphosée, par
le télescope puissant de lord Ross, en un objet d'une
apparence tout autre que celle que l'on avait observée
jusqu'alors. Au lieu d'une forme annulaire, on reconnut
une spirale s'enroulant elle-même en une douzaine de
circonvolutions distinctes plus ou moins étendues, et,
chose singulière, au lieu d'une création simple à laquelle on pouvait facilement concevoir des lois qu'as-
suraient une stabilité permanente, on trouva une structure de plus en plus compliquée, en équilibre instable,
régie par des lois dynamiques qui ne s'exercent sur rien
d'analogue dans notre système solaire. Lord Ross est
d'avis, et la plupart des astronomes avec lui, que cette
nébuleuse, et en général toutes les nébuleuses en spirale, sont dans un état d'équilibre instable, et ne peuvent exister en cet état sans un mouvement intérieur.
Ce qu'il a fallu de siècles et de milliers de siècles pour
amener un amas de soleils à une pareille forme et à
un pareil système de traînées lumineuses, c'est ce que
notre numération ne saurait exprimer, confinée comme

elle est dans les étroites limites des grandeurs que nous sommes habitués à considérer autour de nous.

Les *Transactions philosophiques* de 1862 renferment un nouveau Mémoire du célèbre lord, travail de sept années d'observations, accompagné de sept planches représentant 43 nébuleuses. L'auteur estime qu'un grossissement linéaire de 1300 fois est le plus fort qui puisse être employé avec ses télescopes pour ce genre d'observations ; mais il a fait usage occasionnellement de grossissements de plus de 2000 fois, et pense qu'avec des télescopes de dimensions plus grandes, on pourrait avantageusement employer un grossissement plus fort pour les détails des nébuleuses dont la lumière est très-faible. Lord Ross s'est adjoint, pour ses recherches, les frères Johnston Stoney et Bindon Stoney, et M. Mitchell, qui est chargé des observations depuis le mois de mai 1852. Le résumé de ces travaux est d'avoir examiné et longuement étudié les 2300 nébuleuses du catalogue boréal de sir John Herschel, d'en avoir classé et dessiné un grand nombre, parmi lesquelles nous en citerons une quinzaine qui affectent la forme spirale, et d'avoir à peu près complétement résolu la question de la matière nébuleuse. Il semble désormais impossible de partager l'ancienne hypothèse et de croire à l'existence d'une matière cosmique en état de concentration successive. Outre que cette matière ne serait probablement pas assez lumineuse par elle-même pour être visible à la distance qui nous sépare de ces lointains systèmes, la résolubilité du plus grand nombre des nébuleuses nous indique que ce sont là autant de créations stellaires que des lois dynamiques encore impossibles à déterminer soutiennent dans l'espace, comme elles soutiennent la nébuleuse de 18 millions de soleils dont nous faisons partie.

La *Bibliothèque de Genève*, du 20 juin 1863, renferme une Notice remarquable de M. Alfred Gautier, de Genève, sur les derniers travaux relatifs aux nébuleuses. Au nombre des nébuleuses récemment découvertes ou récemment étudiées dont parle le savant professeur, nous citerons en particulier la variable annoncée par M. d'Arrest, au nord de la constellation du Taureau. On peut la considérer comme la troisième nébuleuse variable, car son changement d'éclat a été constaté depuis 1855 jusqu'à présent, non-seulement par le savant astronome de Copenhague, mais encore en Amérique, par M. Tuttle, et à l'Observatoire de Bonn, par MM. Schœnfeld et Huijer. Nous devons dire cependant que M. Schœnfeld lui-même, qui est maintenant directeur de l'Observatoire de Mannheim, conteste la variabilité de cette nébuleuse. Il semble que de nouvelles observations seront nécessaires pour la classer définitivement et sans contestation au nombre des nébuleuses variables.

Une nébuleuse que l'on peut ranger sans crainte parmi les variables, est celle observée par M. Chacornac près de la petite étoile ζ du Taureau, par 5ʰ28ᵐ30ˢ d'ascension droite, et 21°7′ de déclinaison. M. Chacornac l'observa pour la première fois le 19 octobre 1855, sous une apparence nuageuse et diffuse. Le 27 janvier 1856, elle était plus brillante, rectangulaire, et striée de bandes parallèles. Le 20 novembre 1862, elle était redevenue invisible, tandis que la petite étoile sur laquelle elle se projetait n'avait offert aucune variation d'éclat.

Il y a une dizaine d'années, M. Laugier, astronome du Bureau des Longitudes, s'occupait d'un travail immense sur le mouvement propre des nébuleuses. Il s'agissait non plus seulement de déterminer le mouvement de translation de notre système dans l'espace par la comparaison des mouvements propres des étoiles, ce mouvement propre n'indiquait que le déplacement de notre système solaire dans l'intérieur de la voie lactée ; mais cet astronome voulait encore déterminer le mouvement de cette voie lactée elle-même dans l'espace, et cela en construisant avec la plus scrupuleuse exactitude un catalogue de nébuleuses. La comparaison des positions inscrites sur ce catalogue avec les positions observées plus tard permettra de déterminer les mouvements propres des nébuleuses sur la sphère céleste ; et par suite le mouvement de translation de notre nébuleuse dans l'étendue. Le catalogue publié par MM. Laugier et d'Arrest a déjà servi de point de comparaison pour les études que M. Auwers a entreprises sur les nébuleuses. Cet habile astronome a inséré, dans le n° 1392 des *Astronomische Nachrichten*, un catalogue des positions exactes, en 1860, de 40 nébuleuses observées avec l'héliomètre de l'Observatoire de Kœnigsberg. C'est un complément du travail de MM. Laugier et d'Arrest ; mais on conçoit que l'intervalle de temps qui s'est écoulé entre ces deux publications n'est pas assez grand pour qu'elles puissent accuser une différence sensible dans les positions des nébuleuses inscrites.

Sir John Herschel a récemment construit un nouveau catalogue général des nébuleuses, d'après les observations tant anciennes que nouvelles.

On voit que la seconde moitié de notre siècle s'illustre en études gigantesques appliquées à tous les points de la science; encore quelque dix ans, et les questions aujourd'hui insolubles seront des jeux d'enfants. Peut-on craindre d'aller trop vite ou trop loin? Non, la science est comme l'espace, une grandeur qui s'étend et recule indéfiniment ses limites, selon la parole de Pascal, à mesure que nous enflons davantage nos conceptions et nos avides désirs.

L'œuvre de sir J.-F.-W. Herschel a été présentée à la Société Royale dans la séance du 19 novembre 1863.

Le travail du célèbre astronome renferme toutes les nébuleuses et amas d'étoiles (*clusters*) dont l'auteur a pu trouver la description quelque part, et dont les positions ont été exactement déterminées; il est ainsi la réunion d'un grand nombre de catalogues qui existent sur ces objets célestes, et l'auteur n'a accepté que quelques nébuleuses observées par Lacaille et autres avec de faibles télescopes, et qui ne représentent que des groupes insignifiants de petites étoiles indistinctes. Le nombre des nébuleuses inscrites est de 5078. Voici comment ce nombre a été formé. Il renferme : 1° 2508 nébuleuses et amas d'étoiles décrits par le laborieux sir William Herschel dans les divers catalogues communiqués à la Société Royale; 2° 102 objets célestes compris dans les listes publiées par Messier et découverts par lui-même, par Mairan, Oriani et autres; 3° les 50 inscrits dans la liste de M. Auwers à la fin de son catalogue des nébuleuses de W. Herschel, et quelques-uns de Lacaille dont la description n'était pas équivoque; 4° un grand nombre de nébuleuses marquées par lord Ross sur sa carte publiée dans les *Transactions philosophiques* de 1861, et dont les positions ont été indiquées avec une précision suffisante pour permettre de les observer de nouveau avec certitude d'identité; 5° 125 nouvelles nébuleuses communiquées à l'auteur par M. d'Arrest, qui les a découvertes lui-même, et quelques autres communiquées de même par ceux qui les découvrirent; 6° enfin, 15 nébuleuses communiquées par le professeur Bond, que l'on a inscrites dans une liste supplémentaire. Les autres sont des catalogues présentés à la Société Royale par sir John Herschel en 1833, ou tirés de la publication qu'il fit en 1847 à son retour du cap de Bonne-Espérance.

Les positions des objets renfermés dans le nouveau catalogue avaient d'abord été réduites à l'époque commune, 1830; mais, afin d'approprier immédiatement ce travail aux observations futures, on jugea convenable de le rapporter à une époque plus rapprochée.

Les calculs nécessités par cette réduction étant très-étendus et de nature à être faits par d'autres mains, la Société Royale se chargea de les faire exécuter. De concert avec l'astronome royal, on résolut de rapporter les positions à l'an 1860 et de calculer les précessions pour l'an 1880. C'est ainsi que le catalogue est actuellement construit, et, par l'application des variations calculées, on peut s'en servir d'ici à l'an 1930, sans crainte d'erreur, pour toute observation des nébuleuses et d'amas d'étoiles. Les observateurs les plus sévères doivent être plus que satisfaits.

Le catalogue est distribué par ordre d'ascensions droites; c'est l'ordre général, et c'est aussi le préférable. Une première colonne renferme le nombre courant; les autres renvoient aux autorités; on trouve ensuite la précession en ascension droite et le nombre des observations d'où ces éléments sont conclus. Une même disposition de colonnes est donnée aux éléments de la distance polaire. Il y a enfin deux colonnes qui indiquent, la première le nombre de fois que l'objet a été observé par W. Herschel et par l'auteur; la seconde une série de notes annexées à la fin de l'ouvrage, et une liste générale de positions représentées par la gravure.

On a pris soin d'indiquer, en notes, certaines particularités se rattachant aux objets célestes inscrits. Ces notes donnent notamment le résultat d'une comparaison minutieuse que l'on a faite du présent catalogue avec celui de M. Auwers mentionné plus haut. Comme on devait s'y attendre, cette comparaison a servi de dernière correction aux deux catalogues.

L'ouvrage est terminé par la liste des nébuleuses qui ont été dessinées, avec l'indication des ouvrages où l'on trouve ces dessins, et par le relevé des *errata* et corrections découverts dans les divers ouvrages consultés.

On voit, par ce qui précède, que l'on ne pouvait s'attendre à un travail plus complet, et que les prévisions, fondées sur l'autorité légitime du célèbre astronome, ont été surabondamment justifiées. C'est une gloire de plus au nom de l'illustre auteur des *Outlines of Astronomy*.

Que de demi-siècle en demi-siècle un pareil travai

soit accompli, et les mouvements invisibles des lointains univers descendront dans le champ de nos observations, et l'homme, embrassant dans ses conceptions agrandies l'immense système des cieux, sera élevé à la connaissance de l'universelle création.

Ces formidables assemblées de soleils, peut-être aussi vastes que notre nébuleuse la voie lactée, et si éloignés de nous, que leur lumière ne nous parvient qu'après des milliers et des millions d'années, paraissent encore subir des *changements* physiques qui doivent être immenses, puisque nous pouvons nous en apercevoir d'ici. Dès 1810, William Herschel, consultant les observations de 1780 et 1783, faites avec le même télescope que celui dont il se servait en 1810, reconnaissait que la nébuleuse d'Orion avait sensiblement changé de forme. Cette nébuleuse, qui n'est qu'à demi résolue, est l'une des plus singulières du ciel, et c'est en elle surtout qu'on a saisi des variations considérables. Elle ressemble à la gueule ouverte d'une bête dont le nez se prolongerait en forme de trompe; la partie la plus brillante paraît flamboyer comme une flamme mobile. Sa largeur moyenne apparente est à peu près celle du Soleil. Voici les variations signalées par les observateurs qui ne l'ont pas quittée du regard.

Changements arrivés dans la nébuleuse d'Orion. — La nébuleuse située près de la garde de l'épée d'Orion est de celles qui ont le plus contribué au succès de la théorie de la matière nébuleuse. Son aspect phosphorescent, diffus et indéfinissable, semble en effet éloigner l'idée de toute agglomération d'étoiles. Halley

avait déjà dit à son sujet : « Ces taches ne sont autre
chose que la lumière venant d'un espace immense situé
dans les régions de l'éther, rempli d'un milieu diffus et
lumineux par lui-même. »

Le recteur Derham émit même l'opinion que c'était
probablement là une brèche de la sphère cristalline
donnant sur le ciel empyrée ; ce à quoi Voltaire avait
répondu : « Je suis obligé d'avouer que Micromégas ne
vit jamais ce beau ciel empyrée que Derham se vante
d'avoir vu au bout de sa lunette ; ce n'est pas que je
prétende que M. Derham ait mal vu, à Dieu ne plaise !
mais Micromégas était sur les lieux, c'est un bon observateur, et je ne veux contredire personne. »

L'idée d'une substance cosmique lumineuse par elle-
même, et de l'irrésolubilité de certaines nébuleuses des-
cendit de proche en proche jusqu'à William Herschel,
Humboldt et Arago, qui renonça très-tard à l'idée de la
matière diffuse. Pour eux, la nébuleuse d'Orion n'était
qu'une grande tache laiteuse, formée d'une matière diffuse dans laquelle l'attraction devra, avec le temps, apporter des modifications successives, jusqu'à l'époque
où une condensation définitive la fera naître à la vie des
soleils et de leurs systèmes. Ce seraient là, à proprement parler, les seules nébuleuses ; les résolubles ne
devraient plus recevoir cette dénomination, mais bien
celle de groupes ou d'agglomérations d'étoiles.

Pour décider si le temps altère sensiblement les dimensions, les formes et l'aspect général de ces créations
mystérieuses, il était juste de penser qu'il faudrait une
durée de plusieurs siècles pour pouvoir comparer effi-
cacement les formes successivement revêtues par la

nébuleuse. Cependant une discussion survenue récemment à la Société Astronomique de Londres, à propos de dessins exécutés par divers astronomes, observateurs habiles et scrupuleux, a montré que, depuis moins de vingt ans, des changements paraissent s'être effectués dans le sein de cette nébuleuse d'Orion.

Dans la soirée du 11 janvier dernier, par un ciel exceptionnellement pur, on observa cette nébuleuse à l'Observatoire de Greenwich. Les observateurs, MM. Stone et Carpentas, remarquèrent certaines particularités, moins exactement représentées dans le dessin du professeur Bond que dans celui de sir John Herschel, imprimé dans les résultats des observations du Cap (1847). La différence consistait surtout dans l'absence de luminosité aux environs des ouvertures noires que l'on voit dans l'intérieur de la nébuleuse, et dans la position de quelques taches blanches. M. Bond réclama contre cette assertion, et montra que son dessin avait exactement reproduit les gradations de lumière existantes. Il n'y a que deux points complétement privés de lumière, ce sont : une ouverture irrégulière dont le centre a pour position $\Delta\alpha + 108''$, $\Delta\delta + 50''$, et un étroit canal ayant son axe presque dans le parallèle de déclinaison $\Delta\delta = + 72''$ et $\mathbb{R}\Delta\alpha = + 160''$. (Le signe $+$ adapté à $\Delta\alpha$ et $\Delta\delta$ s'applique aux objets qui suivent θ d'Orion, au nord.)

Nous ne donnerons pas le détail des observations de M. Bond; mais voici les divers points de contradiction qui existent entre le dessin d'Herschel et l'apparence actuelle de la nébuleuse.

1° L'absence d'une limite définie à la brillnte lumainosité que l'on a appelée région d'Huygens, à l'est, près du bord sud du *sinus magnus*, et son extension le long de ce bord à une distance de 180".

2° La brillante luminosité du bord sud s'est avancée de 10" à 15" au nord.

3° Des quatre proéminences qui existaient sur ce bord, on n'en reconnaît plus qu'une.

4° Dans sa portion la mieux définie, le bord ouest est situé 12" plus loin à l'ouest.

5° La tache brillante sur le *Pont de Schrœter* s'est avancée de 15" à 20" plus au nord, et le pont lui-même se termine sans croiser le golfe.

6° Tous les points du bord septentrional, à l'est du *Pont de Schrœter*, ont été représentés à 30" et 40" au nord de leur vraie place; la direction des lignes principales est en même temps beaucoup en erreur.

Pour comprendre la signification réelle des discordances qui viennent d'être indiquées, il faut avoir une idée de l'étendue de l'aire dans laquelle elles se manifestent. Or la distance entre les deux bords opposés du *sinus magnus* n'est que de 80" et sa longueur de 130". Une différence de 10" est donc quelque chose de très-sensible et d'important.

Il n'est pas certain que les différents points signalés plus haut sur la différence qui existe entre les dessins de sir John Herschel pris avant 1847 et ceux que l'on prend aujourd'hui, soient l'un et l'autre une preuve positive de changements survenus dans la nébuleuse; mais il est plus que probable que quelques-uns d'entre eux, le premier et le cinquième par exemple, seront l'indice de ces changements, et que l'étude attentive de cet ob-

jet céleste, d'année en année, fera reconnaître sa transformation incessante.

M. Otto Struve est d'avis que des changements considérables se sont opérés dans cette nébuleuse, depuis
l'époque des premières observations. C'est même en vue
d'éclairer cette impression que l'astronome royal a fait
exécuter dernièrement un nouveau dessin de cette nébuleuse. Les dessins de Liapounow, s'ils ne brillent pas
par la minutie des détails, donnent du moins avec une
parfaite exactitude les positions relatives des étoiles que
l'on voit aux bords et au travers de la nébuleuse, et
pourront utilement servir aux comparaisons.

Reviendrons-nous à l'hypothèse de la matière nébuleuse? Pour notre part, nous ne le pensons pas. Mais
si les changements accusés plus haut, ou quelques-
uns d'entre eux, sont réels, ils seraient bien rapides
pour qu'on puisse les regarder comme appartenant à
une agglomération d'étoiles. Les observations futures
décideront.

Quoi qu'il en soit, le professeur que nous citions en
ouvrant ce chapitre est d'opinion que de pareils changements sont incontestables; il considère de plus les
indications de lord Ross sur le *mouvement de rotation*
et de translation des nébuleuses comme l'expression de
la réalité. « Le mouvement de rotation, dit-il, se montre
d'une manière très-nette dans certaines nébuleuses singulières, observées par lord Ross, et qu'il a nommées
nébuleuses spirales; exemple : la belle nébuleuse spirale
de la Chevelure de Bérénice.

Cette forme en spirale nous donne l'idée d'une rotation de la nébuleuse sur elle-même, et de plus elle

nous indique que le noyau central tourne plus vite que le pourtour. D'où cela provient-il? Lord Ross attribuait ce phénomène à l'action d'un milieu résistant, qui ralentirait le mouvement de la partie extérieure; mais il me semble qu'on peut l'expliquer par le fait même de la condensation. Il résulte en effet des lois générales de la Mécanique que, si une masse fluide est animée d'un mouvement de rotation, et que par la condensation le volume diminue, le mouvement de rotation devient plus rapide. Par exemple, si la Terre éprouvait une contraction ou une diminution de volume, elle tournerait plus vite, et, par conséquent, la durée du jour diminuerait. Si donc on suppose que, par une cause quelconque, la masse de force qui forme une nébuleuse soit animée d'un mouvement de rotation très-lent, la condensation progressive de la matière accélérera de plus en plus la rotation. En outre, comme la condensation est plus marquée vers le centre, le noyau tournera plus vite que le reste; si lente que soit la rotation primitive de la masse diffuse, l'énorme condensation qu'elle éprouve dans la suite des siècles imprimera en quelque sorte une rotation très-rapide à l'étoile à laquelle elle donne naissance.

D'autres formes de nébuleuses manifestent le mouvement de translation dans l'espace. Pour expliquer la propagation des ondes lumineuses, les physiciens admettent qu'un fluide élastique très-subtil, qu'ils nomment *éther*, est répandu dans tout l'univers; ce milieu, si subtil qu'il soit, doit offrir une certaine résistance au mouvement : cette résistance n'affectera pas sensiblement le noyau qui a une grande densité, mais elle pourra retarder d'une manière appréciable les vapeurs légères qui composent la nébulosité. Quand nous lançons un volant dans l'air, nous voyons le noyau aller en avant, et les plumes, plus légères, suivre par derrière; c'est un effet de la résistance de l'air qui agit d'une manière plus marquée sur les plumes à cause de leur faible densité. Plusieurs nébuleuses, dont deux dans la Licorne, présentent un phénomène tout à fait semblable; le noyau marche en avant, et la nébulosité suit en forme de houppe, retenue seulement par la force d'attraction que le noyau exerce sur elle. L'orientation de la nébuleuse nous indique le sens du mouvement.

Dans la constellation des Chiens de chasse, il est une belle nébuleuse qui semble manifester à la fois le double mouvement, la rotation par ses spirales fortement accentuées, la translation par une espèce de chevelure ou de nébulosité légère projetée en arrière.

La nébuleuse double du Bouvier nous offre un exemple de mouvement constaté directement. Dans le dessin d'Herschel, les axes des deux masses elliptiques qui les composent sont en ligne droite; d'après les observations de lord Ross, les deux axes, en 1855, ne sont plus sur la même ligne, mais ils sont parallèles; en 1861, ils font entre eux un angle bien marqué. On doit en conclure que la petite masse tourne sur elle-même, et en même temps se meut autour de la grande, comme la Terre tourne sur elle-même, en même temps qu'elle se meut autour du Soleil.

Nous pensons qu'il ne faut pas admettre cet incompréhensible mouvement de rotation de pareilles agglomérations de soleils avant de l'avoir suffisamment constaté. Lorsqu'on songe à l'immensité de ces univers, l'imagination recule effrayée devant la force capable d'entraîner de pareils systèmes. Les 27 500 lieues à l'heure que parcourt la Terre, le mouvement orbital des planètes de notre monde, ne sont plus que des infiniment petits à côté de ces grandeurs. On se souvient que dans le temps où l'on croyait la Terre immobile on était obligé d'admettre une révolution diurne de toutes les étoiles autour de ce point, révolution qui aurait fait parcourir plusieurs millions de lieues par *seconde* aux étoiles, même les plus voisines. L'admission d'un mouvement de rotation pour les nébuleuses nous amène presque là !

Quant à la différence que certains astronomes admettent encore entre les nébuleuses résolubles et les nébuleuses non résolubles, nous sommes porté à croire qu'elle existe plutôt dans les instruments de l'homme que dans la nature. Cependant nous ne pouvons rien affirmer encore sur ce point.

On peut néanmoins faire quelques réflexions contre la matière nébuleuse proprement dite, en songeant que cette matière gazeuse ne posséderait sans doute pas assez de lumière en elle-même pour être visible à de si colossales distances. Un professeur américain, M. Trowbridge (*Silliman's Journal*, 1864, 210) a pris pour thème ce sujet ; mais il n'a pas eu soin de démontrer d'abord que la lumière produite par le corps gazeux fût inférieure à la lumière produite par les corps solides. Nous traduisons ici les points principaux de son étude.

Parmi les corps célestes dont la constitution physique est un peu connue, les comètes sont les objets qui approchent le plus de la matière nébuleuse. On connaît l'extrême rareté de leur substance, rareté telle, que les rayons du Soleil les traversent sans éprouver d'affaiblissement, et qu'à la surface de la Terre quelques kilogrammes exprimeraient son poids. Sir John Herschel dit à ce propos que les nuages les plus légers qui flottent dans les hauteurs de l'atmosphère sont des corps massifs en comparaison de leur ténuité; or un de ces nuages légers est invisible à la distance de trois kilomètres, tandis qu'une comète reste visible à plusieurs millions de lieues de distance.

L'auteur du Mémoire conclut de ces faits que très-probablement les comètes ne brillent pas seulement par la lumière réfléchie. Les expériences d'Arago sur les comètes de 1819 et 1835 ont, il est vrai, démontré au polariscope l'existence de la lumière polarisée ou réfléchie, mais elles ne prouvent pas qu'une certaine quantité de lumière directe ne puisse s'ajouter à la précédente. L'intensité variable de la lumière dans les comètes n'est pas non plus suffisamment expliquée par la position de l'astre sur son orbite. M. Hind admet la nécessité d'autres causes physiques inconnues pour rendre compte des faits observés. L'état moléculaire des gaz ou vapeurs composant les comètes s'ajoute encore en faveur des assertions qui précèdent. Il paraît de la sorte vraisemblable d'admettre que les comètes ont une lumière propre à laquelle vient s'ajouter la réflexion des rayons solaires.

Mais on a généralement constaté que les plus belles

comètes elles-mêmes deviennent invisibles lorsque, dans leur retour du périhélie, elles se trouvent à une certaine distance de la Terre, et lors même que leur grandeur apparente sous-tend encore un angle assez grand pour la visibilité distincte et permettrait de les suivre.

En appliquant ces principes aux nébuleuses proprement dites, on peut en conclure que la matière nébuleuse serait nécessairement trop diffuse, trop peu dense pour être visible lorsqu'elle est éloignée de nous à de grandes distances. D'après cela, les nébuleuses en général resteraient invisibles pour nous, en exceptant cependant certaines conditions de leurs transformations, lorsqu'elles peuvent se condenser et se convertir en étoiles.

La même opinion a déjà été émise par sir W. Brewster dans son *More worlds than one*, en réponse aux affirmations du Dʳ Whewell, qui tirait si bien parti de la théorie des nébuleuses. Du reste, cette théorie elle-même est-elle maintenant aussi facile à accepter qu'au temps où Laplace publia son *Système du Monde ?* Il y a lieu d'en douter. A mesure que les télescopes ont atteint une plus grande puissance, ils ont converti les nébuleuses apparentes en agglomérations d'étoiles; de là d'excellentes raisons pour croire que les dernières nébuleuses non résolubles le seront avec un pouvoir amplificateur plus considérable que celui dont nous pouvons actuellement disposer. Il est de la plus haute probabilité que pas une de nos nébuleuses n'est une nébuleuse proprement dite, et que cette dénomination est désormais foncièrement erronée. Si l'ingénieux système de cosmogénie qui s'appuyait primitivement sur cette théorie pouvait être remplacé par quelque chose de mieux, nous n'hésiterions pas à laisser dans l'ombre, où elles reposent désormais, ces créations invisibles; mais, en bonne philosophie, il n'y a pas de réaction fondée, et, après avoir affirmé si haut, il ne faut pas tourner subitement et nier ensuite sur le ton de l'absolu.

De l'âge relatif des planètes. — Chacun se rappelle la *Théorie de la Terre* de Buffon, où l'illustre naturaliste s'était ingénié à déterminer l'âge de la Terre et de chaque planète, d'après une supputation fondée sur les lois du refroidissement. On y trouve le tableau du passé de ces corps célestes et de leur avenir, voire même la date précise où chacun d'eux verra s'éteindre à sa surface le flambeau de la vie, où chacun d'eux sentira le froid de la mort l'envelopper et fixer son dernier jour. Cette théorie, fort touchante et pleine d'intérêt pour nous, n'avait qu'un tort, c'était d'être purement imaginaire et d'être édifiée sur un principe arbitraire. M. de Buffon n'avait pas la notion du *temps,* et quand ses années seraient remplacées par des siècles, elles ne représenteraient encore que des secondes sur le cadran des mouvements célestes.

L'*American journal* de Silliman vient de nous offrir une théorie du professeur Gustave Heinrichs, sur l'âge relatif des planètes, déterminé d'après les conséquences de la résistance de l'éther et d'après les lois de la densité et des mouvements des planètes. Cette théorie est plus solide et plus scientifique que celle de Buffon, d'autant plus qu'elle se contente de la *relativité* des âges planétaires, sans prétendre aller jusqu'à l'âge absolu, prétention qui serait parfaitement ridicule dans l'état actuel de nos connaissances. Le travail de M. Heinrichs mérite d'être présenté aux lecteurs de nos *Études sur l'Astronomie*.

Posons, avant tout, que l'auteur est un partisan de la théorie de Laplace sur la formation du système solaire par anneaux cosmiques, échappés successivement de l'équateur du Soleil pour former chaque planète, de Neptune à Mercure.

L'auteur commence d'abord par établir l'*instabilité* du système solaire, et c'est là l'argument fondamental de sa thèse. Des astronomes modernes, dit-il, considèrent la doctrine de la *stabilité du système solaire* comme un fait établi sur l'évidence, et sa démonstration comme l'un des plus beaux triomphes de l'astronomie physique. Mais cette doctrine n'est qu'une hypothèse, bâtie elle-même sur l'hypothèse du vide ou d'un milieu non résistant, laquelle n'a rien de solide, quoique Newton et Laplace aient déclaré que si la résistance existe, elle est insensible. Dans la doctrine de la stabilité ou de la non-stabilité du système solaire, il faut avoir pour base et pour mesure des centaines de siècles, plus que cela peut-être, des millions. Est-il donc légitime de tirer une conséquence après quelques siècles d'observation ? On n'y est pas mieux autorisé qu'à déduire l'orbite d'une comète d'après une heure ou le passé de notre Terre d'après une seconde. Prononcer, sur la base mesquine de nos observations, que le système solaire est stable, c'est-à-dire immuable, n'est pas plus philosophique que l'idée du petit insecte de la fable qui croyait éternelle la durée du jour, parce que le Soleil avait paru constamment à la même hauteur pendant toute sa vie.

Il n'y a qu'une méthode pour juger la stabilité du système solaire. Cette méthode consiste à comparer l'état actuel du système avec ce qu'il était il y a des millions de siècles; car un millier d'années dans la nature sont comme un jour.

On objectera sans doute qu'il est impossible d'employer cette méthode. Dans ce cas, il faut abandonner la théorie de la stabilité, parce qu'elle manque de confirmation. Mais on peut envisager la question sous un autre point de vue, celui qu'a choisi M. Heinrichs.

Pourquoi ne pas procéder en Astronomie comme on le fait en Géologie pour la science de la Terre? Dans l'absence de témoins des anciens âges, on observe les changements survenus dans la configuration du globe, et l'on acquiert ainsi l'échelle comparative des âges qui ne sont plus. On peut de même examiner les différentes couches célestes, essayer de voir si elles sont restées dans leur état primitif, ou si elles ont été déplacées, et, dans ce dernier cas, mesurer la force qui a produit la dislocation : de cette sorte, on pourrait obtenir d'aussi bonnes déterminations de l'âge relatif de ces couches célestes, ou des planètes et des lunes, que les déterminations apportées par la Géologie à l'âge relatif des couches terrestres. L'induction peut servir à l'Astronomie aussi bien qu'à la Géologie, et l'auteur en est tellement convaincu, qu'il espère montrer comment l'observation de la configuration du système solaire peut indiquer son histoire aussi bien que l'observation de la Terre peut indiquer la nôtre. Il appuie sa croyance à l'existence de l'éther sur deux faits principaux : sur la théorie ondulatoire de la lumière, et sur le ralentissement de la comète d'Encke, ajoutant qu'une preuve négative n'établirait rien contre l'existence du milieu éthéré.

L'exposé algébrique de la théorie dont nous parlons n'occupe pas moins de seize pages, ornées à profusion d'intégrales et de formules. L'espace nous manque pour développer cette longue série de déductions. Nous essayerons de traduire, comme d'habitude, les chiffres arabes en langage chrétien, et de mettre en évidence les résultats cachés sous le voile mathématique.

Représentons par a la distance des planètes au Soleil, par ρ leur rayon, par Δ leur densité, par $\dfrac{1}{\rho\Delta}$ l'effet de la résistance pour un temps quelconque, $+$ ou $-\theta$. Prenons la Terre pour point de comparaison, et soit a (sa distance) $= 100$, ρ (son rayon) $= 10,00$, Δ (sa densité) $= 1,00$. Les formules auxquelles l'auteur est arrivé permettent de construire le tableau suivant :

	a	ρ	Δ	$\dfrac{1}{\rho\Delta}$
Mercure............	38	3,90	1,23	0,2
Vénus.............	72	2,28	1,07	0,1
La Terre..........	100	10,00	1,00	0,1
Mars.............	152	5,14	0,96	0,2
Les astéroïdes...	»	»	»	10,0 (présumé)
Jupiter...........	520	114,40	0,24	0,04
Saturne..........	954	94,80	0,14	0,08
Uranus..........	1918	45,80	0,18	0,13
Neptune..	3004	42,50	0,23	0,1

La dernière formule de l'auteur $\left(\log x = \log a - \dfrac{\theta}{\rho \Delta}\right)$ donne les *distances au Soleil* suivantes, pour les âges indiqués :

	PASSÉ.		PRÉSENT.	AVENIR.		
Age...........	4	2		2	4	6
Mercure....	240	95	38	15	6	2
Vénus......	181	100	72	45	29	18
La Terre....	252	159	100	63	40	25
Mars.......	955	381	152	65	24	9
Jupiter.....	725	626	520	433	360	299
Saturne.....	1991	1378	954	660	454	316
Uranus.....	6351	3490	1918	1078	593	326
Neptune....	5985	4237	3004	2127	1504	1066

Pour un astéroïde dont $\rho \Delta = 1$, on a :

Age...........		4	2	0	5	10
Distance:....		1770	770	280	28	3

L'auteur, comparant ensuite les systèmes lunaires au système solaire, voit en eux l'exemple de la configuration successive du système solaire, suivant les âges. *La régularité et la symétrie disparaissent de plus en plus lorsque l'âge augmente;* on en a pour exemple la forme actuelle des systèmes de Jupiter, de Saturne et d'Uranus, laquelle est très-irrégulière pour ces derniers, plus âgés, tandis que le système de Jupiter, le plus jeune du groupe, est encore très-régulier. Sous un autre point de vue, il paraîtrait que la planète secondaire la plus rapprochée d'une planète génératrice s'en rapproche de plus en plus avec l'âge. Ainsi, si nous prenons Mercure comme premier satellite du Soleil, la

Lune, le premier satellite de Jupiter et le premier satellite de Saturne, nous reconnaîtrons que :

Mercure est à 80 rayons du Soleil;

La Lune à 60 rayons de la Terre;

Le premier satellite de Jupiter à 6 rayons de Jupiter;

Le premier satellite de Saturne à 4 rayons de Saturne;

Ce qui montre un rapprochement selon l'âge des planètes.

L'auteur trouve, comme nous l'avons dit plus haut, la configuration successive du système solaire indiquée par la configuration présente des systèmes lunaires, suivant les âges de ceux-ci, qui sont les mêmes que leurs distances au Soleil. Si on lui demande à quel âge la configuration du système solaire correspondra à la configuration présente du système saturnien, il répondra que cela arrivera au quatrième âge. A cette époque, en effet, il y avait entre les deux systèmes la similitude suivante :

L'anneau de Saturne représente l'anneau d'astéroïdes qui intersecte présentement l'orbite de la Terre et arrivera au quatrième âge vers le Soleil. Les quatre lunes intérieures de Saturne représentent les quatre planètes intérieures qui seront alors dans l'ordre de leurs distances (*voir* le tableau) :

Mercure 6,   Mars 24,   Vénus 29,   la Terre 40.

ou, en faisant la première distance égale à 1,

Mercure	Mars	Vénus	la Terre
1	4	5	7

Positions des satellites :

Mimas	Encelade	Téthys	Dioné
3	4	5	7

Le premier nombre diffère seul.

Si nous agissons de même pour les quatre planètes extérieures et pour les quatre satellites extérieurs, nous aurons :

Jupiter	Saturne	Uranus	Neptune
7	9	12	30
Rhéa	Titan	Hypérion	Japhet
4	9	12	26

Une correspondance complète demanderait une similitude absolue de masses.

Passant ensuite à la densité des planètes, et reconnaissant que la densité va en décroissant du centre à la périphérie du globe nébuleux, et en croissant avec le temps, l'auteur cherche la valeur de θ (l'âge) par une formule réduite à sa plus simple expression :

$$\Delta = 1 + \log \frac{\theta}{a}.$$

Il obtient ainsi

	a	Δ	θ	MOYENNE.
Mercure........	0,38	1,234	0,66	
Vénus.........	0,72	»	»	0,83
La Terre......	1,00	1,00	1,00	
Mars.........	1,52	0,96	1,39	
Jupiter.......	5,20	0,24	0,91	1,15
Saturne.......	9,54	0,14	1,28	1,28
Uranus.......	19,18	0,18	2,89	2,89
Neptune.......	30,04	0,23	5,13	5,13

dont les moyennes représentent l'accroissement régulier de l'âge avec les distances.

La rotation des planètes sur leur orbite entre comme dernier élément dans la théorie, et l'auteur, développant la troisième loi de Kepler, arrive à une formule assez compliquée qui peut être traduite ainsi :

Le mouvement de la planète sur son orbite sera direct, zéro ou rétrograde si la densité primitive Δ était plus grande, la même ou moindre qu'une certaine quantité C dépendant de la position de l'orbite dans l'anneau et de la variation δ de la densité.

D'après cette loi, les mouvements planétaires reçoivent une explication, et le mouvement rétrograde du système d'Uranus est expliqué lui-même, loin de se trouver, comme il l'a été jusqu'ici, en opposition avec la théorie de Laplace.

Évidemment, et il ne faut pas l'oublier, tous les nombres qui précèdent sont des quantités relatives, des rapports qui ne peuvent avoir de valeur absolue si l'on ne connaît pas l'unité d'âge ou θ; cette unité ne sera connue que lorsqu'on aura pu déterminer la résistance de l'éther ou sa densité. Si, par exemple, on avait déterminé la quantité dont la Terre se rapproche annuellement du Soleil, et si cette quantité était de 10 pieds, l'unité d'âge θ serait de 10 000 000 d'années.

Résumons, en quelques propositions, la théorie qui précède :

1° La configuration présente du système planétaire n'offre pas l'harmonie et l'ordre que l'on rencontre dans les agrégations de la matière, il faut donc que la configuration harmonique primitive ait été altérée par l'action d'une cause générale déplaçant les orbes selon les masses individuelles, le volume et la position de chaque corps; cette cause est la résistance de l'éther, dont l'existence est très-probable, et dont la non-existence ne peut être prouvée.

2° La configuration du système est telle que si une résistance l'avait modifiée; car, en admettant une loi régulière pour les distances primitives, on obtient une détermination pour l'âge relatif des planètes, qui s'accroît en raison de la distance au Soleil.

3° Les systèmes des satellites sont une confirmation de cette loi.

4° Les âges déterminés par la résistance, les variations de la densité, la loi de la rotation, concordent mutuellement et sont en harmonie avec la théorie de Laplace.

Voilà un grand travail qui diffère sans contredit des calculs astronomiques si précis et si positifs; il peut être l'origine de recherches fécondes, et il ne manquera pas d'intérêt pour les amateurs de spéculations scientifiques.

Écrits de janvier 1863 à décembre 1864.

PHÉNOMÈNES ASTRONOMIQUES DES MOIS.

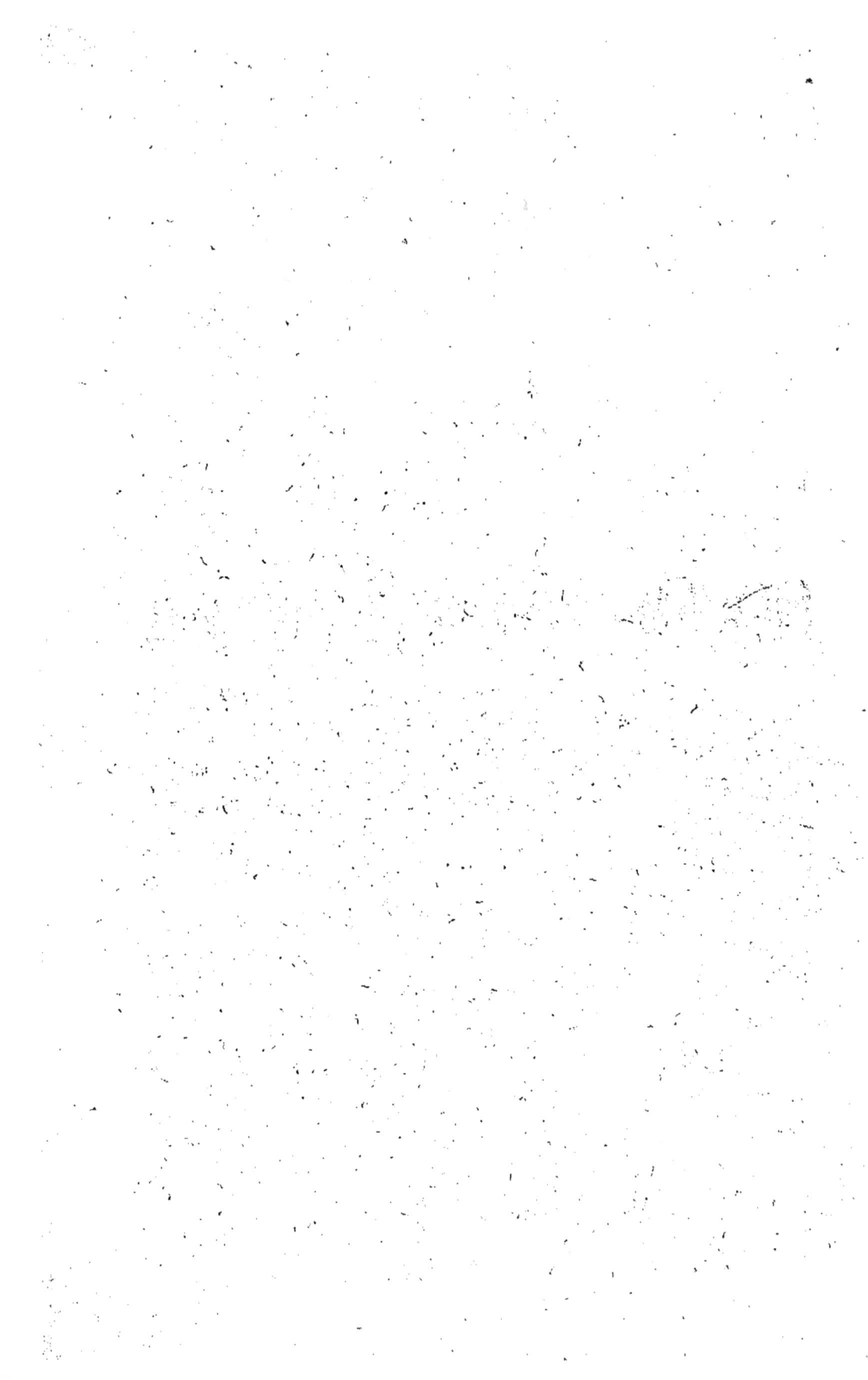

PHÉNOMÈNES ASTRONOMIQUES DES MOIS.

Nous croyons utile, en réponse aux anciennes questions de nos correspondants, de donner, au double point de vue astronomique et historique, l'aspect changeant du ciel pour chaque mois de l'année. Le ciel de chaque mois peut se diviser en deux parties : le ciel sidéral et le ciel planétaire. Le premier ne change pas d'une année à l'autre, et les points que nous allons présenter resteront les mêmes pour toute la durée de notre vie. Les aspects planétaires sont au contraire très-variables et leur description doit être renouvelée chaque année. Nous diviserons donc cette partie de nos *Études* en deux sections : la première est fixe et pourra être appliquée aux années futures comme à celle-ci ; la seconde appartient exclusivement à l'année 1867, pour laquelle nous avons calculé les mouvements et positions des planètes, compagnes de la Terre dans sa pérégrination autour du foyer solaire.

I.

JANVIER.

Le Soleil sortant de la constellation du Sagittaire, XIX⁰ heure, à 280 degrés du point vernal, et devant traverser celle du Capricorne pendant le premier mois de l'année, ce sont les étoiles de la VII⁰ heure qui passent au méridien vers minuit, et qui occupent ainsi la ligne centrale des points les plus favorablement situés pour l'observation. Si, vers 10 heures du soir, nous tournons le dos à l'étoile polaire, nous admirons au sud une zone immense, de l'horizon au zénith, embrassant de plus belles constellations et les plus brillantes étoiles. Cette étendue si brillamment constellée est partagée en deux, obliquement, par la voie lactée. Nous avons devant nous : Orion, dont les sept étoiles brillent entre Aldébaran au nord-est, et Sirius au sud-ouest; α du Petit Chien ou Procyon, et les Gémeaux Castor et Pollux.

Sirius est une étoile trop belle maintenant, et sa lumière céleste décore trop brillamment nos nuits d'hiver, pour que nous ne profitions pas de l'occasion de faire en quelques mots son histoire.

Le nom que nous donnons aujourd'hui à α du Grand Chien appartenait jadis à la constellation entière, et l'on ne trouve pas un seul monument égyptien où cette figure soit indiquée, sans qu'elle représente Sirius, nom

dérivé, dit-on, d'Osiris, le Soleil. A l'origine des constellations, le solstice d'été arrivait lorsque le Soleil
parcourt le Capricorne (ce qu'il fait maintenant au beau
milieu de l'hiver); le lever du soir ou du matin de Sirius annonçait à l'Égypte l'époque de la crue du Nil, et
avertissait les hommes, comme un *chien* fidèle, de se
tenir sur leurs gardes. Là ne se bornait pas le rôle de
Sirius. On sait que l'année civile des Égyptiens était de
365 jours, et que les rois juraient de ne jamais permettre l'intercalation de jours supplémentaires; cette
année vague, empiétant d'un jour tous les quatre ans
sur l'année solaire, revenait coïncider avec celle-ci au
bout de 365 fois quatre ans, ou 1460 ans; mais, pendant ce temps-là, les périodes civiles, les travaux d'a-
griculture, les fêtes et les divers points du calendrier
ne pouvaient être fixés par des dates immuables. On
chercha dans le ciel un signe propre à annoncer l'époque du solstice : le lever du matin de Sirius, qu'on nom-
mait alors Sothis, annonçait cette époque. Le lever héliaque de cet astre n'était ramené au même jour de l'année solaire qu'après 1461 ans.

Depuis ces temps antiques, la précession des équi-
noxes a privé Sirius de sa faculté de prédire l'inonda-
tion et le solstice; son lever héliaque n'arrive maintenant en Égypte que le 10 août, au lieu du 20 juin. Mais
au commencement de notre ère, il arrivait en juillet,
au milieu des grandes chaleurs et des maladies qu'elles
entraînent. De là, cette constellation fut accusée de
maligne influence; comme on peut le voir dans Sopho-
cle et dans cent autres auteurs moins anciens, elle
donna la fièvre aux hommes et la rage aux chiens.

Pour conjurer Sirius, on lui éleva des autels sur lesquels on sacrifia la caille et la chèvre ; de là viennent les jours *caniculaires* (*canis*, chien) :

Jam rapidus torrens sitientes *Sirius* Indos
Ardebat, cœli et medium sol igneus orbem
Hauserat....

Sirius a une longue et bonne réputation comme chien. Après tous les services qu'il rendit aux Égyptiens, Jupiter le chargea de la garde de sa chère Europe ; après l'enlèvement, il passa successivement entre les mains de Minos, de Procris, de Céphale et d'Aurore. Il fut également le chien d'Orion, celui d'Hélène et d'Icare. Des auteurs fort accrédités pensent même que malgré tout ce qui précède il fut Cerbère, le *canis* à trois têtes ; leur opinion est appuyée sur cette coïncidence, que le Grand Chien garde à l'équateur l'hémisphère inférieur des Égyptiens, de la même manière que Cerbère gardait la région du Tartare.

On parle beaucoup des croisades ; mais quel titre de noblesse pourrait se vanter de remonter aussi haut que cet illustre *canis* ?

Il y a du reste de longues années que l'on chante l'éclat de Sirius. Il est cité par Hésiode qui, suivant l'opinion d'Hérodote, vivait vers l'an 884 avant J.-C. Si l'on s'en rapportait à certains commentateurs, la plus belle étoile du ciel n'aurait pas été oubliée (la remarque est assez juste) sur la sphère des constellations dessinée pour la première fois par Chiron pour l'usage des Argonautes, l'an 1420 avant J.-C. L'opinion qui attribue la division de la sphère céleste au précepteur de Jason a été partagée par Clément d'Alexandrie et par Newton. Le livre de Job, dans lequel Orion est pris à témoin, date au moins de la mort de Moïse, l'an 1451 avant l'ère chrétienne.

Rabelais disait, dans sa pantagruéline pronostication pour l'an du Seigneur 1530, que les astres iraient cette année mieux que de coutume, versant la plus bénigne influence qu'on ait jamais ressentie. Depuis ce temps, toutes les nouvelles années s'annoncent sous les meilleurs auspices. L'an de grâce 1867 se prépare aujourd'hui dans les mêmes conditions, et nous fait espérer que, comme les astres, nos lecteurs se porteront encore mieux que de coutume.

FÉVRIER.

Le ciel n'est en aucune saison aussi magnifiquement constellé qu'au sein des froides nuits d'hiver. Les merveilles des cieux s'offrent aux amateurs depuis le Taureau et Orion à l'est jusqu'à la Vierge et au Bouvier à l'ouest; sur dix-huit étoiles de 1re grandeur que l'on compte dans toute l'étendue du firmament, une douzaine sont visibles de 10 heures à minuit, sans préjudice de belles étoiles de second ordre, de nébuleuses remarquables et d'objets célestes très-dignes de l'attention des mortels. Ces étoiles sont : Sirius, Procyon, la Chèvre, Aldébaran, l'Épi, le Cœur de l'Hydre, Rigel, Bételgeuse, les Gémeaux et le Lion. Nous pouvons ajouter Algol et *Mira Ceti.*

Parmi les constellations qui resplendissent au-dessus de nos nuits froides et pures, se déroule l'histoire

9.

astro-mythologique des Pléiades, célestes filles d'Atlas ;
des Hyades, ces éternelles pleureuses ; des Gémeaux
Castor et Pollux, et de Sirius, le vieux Chien d'Égypte,
dont nous avons vérifié plus haut les titres de noblesse.
Il ne sera pas dénué d'intérêt de parler un peu d'Orion,
la plus étendue et la plus belle des constellations équa-
toriales.

Orion est, par sa taille, le premier des héros placés
dans le ciel ; c'est un géant d'une stature prodigieuse,
c'est un chasseur intrépide, mais d'une intrépidité naïve,
car on sait qu'amoureux de Mérope, l'une des Pléiades,
il la poursuit depuis bientôt six mille ans (de mémoire
d'homme), se hâtant lentement et sans perdre courage,
comme disait le *poëte* Boileau.

Cet être gigantesque ne dominant le ciel que pendant
la mauvaise saison, on lui a attribué une influence mauvaise sur l'Océan, et le pouvoir de troubler les mers ; si
l'on en doute, on n'a qu'à ouvrir l'*Énéide* à la page où
Virgile a écrit ces mots : *assurgens nimbosus Orion.*
C'est pour la même raison qu'on supposa Orion fils de
Neptune, et qu'on le gratifia de la faculté de marcher
sur les eaux. Puis, comme il est voisin du Taureau, on
l'a fait naître dans la peau d'un taureau, et on l'a en-
flammé d'un amour stérile pour Diane, laquelle Diane
n'est autre, comme on sait, que la Lune dans sa néomé-
nie au Taureau équinoxial. Ce n'est pas tout : le lever
du Scorpion coïncidant avec le coucher d'Orion, on a
dit que cet animal funeste avait été envoyé par Diane
pour faire périr Orion. Ce même Orion a été nommé
tour à tour Orus, le Minotaure, Nemrod, le petit-fils
assyrien de Caïn, et Saturne, le père des temps ; il a

eu pendant quelque temps pour chien ce Sirius dont nous nous sommes entretenus naguère ; on dit même que ce chien lui appartient encore aujourd'hui.

Voilà pour l'histoire mythologique ; la description astronomique ne sera pas moins riche. Des quatre étoiles α, γ, β, $\varkappa$. qui forment son quadrilatère, deux sont de 1re grandeur, α et β ; α est à l'épaule droite du géant, β est au pied gauche. La petite étoile λ indique la tête. Au milieu du quadrilatère, une ligne oblique formée par δ, ε, ζ représente : le Baudrier, ou la Ceinture, ou les Trois Rois, ou le Râteau, ou le Bâton de Jacob, etc., au choix du lecteur. La dernière, ζ, est une étoile multiple que l'on regardait comme formée de deux séries d'étoiles triples, mais qui paraît formée de deux séries plus riches, reliées par deux étoiles brillantes.

Il ne convient pas de laisser Orion sans parler de sa splendide nébuleuse, située au-dessus de la seconde du Baudrier, près de l'étoile marquée θ sur les cartes célestes. La première fois que Huygens, son *découvreur*, admira cette beauté cosmique, en 1656, il en fut assez émerveillé pour dire « qu'elle paraissait une ouverture dans le ciel, qui donnait le jour sur une région plus brillante. » On peut observer cette nébuleuse à l'œil nu ; avec un grossissement de cent fois, elle se présente comme une lueur calme et étendue qui n'offre rien de commun avec les agglomérations d'étoiles inégales. Quoique cette nébuleuse n'ait encore pu être résolue, malgré la puissance des télescopes, nous ne doutons pas qu'elle représente une voie lactée peuplée comme la nôtre de milliers de soleils, que l'immensité de la distance dérobe à notre analyse.

Ce sont les étoiles de la ixe heure qui passent au méridien vers minuit. Le Soleil est actuellement dans les étoiles zodiacales de la xxie heure, dans le Verseau. Au commencement du mois prochain, il entrera dans les Poissons, constellation où se trouve actuellement le point vernal.

MARS.

L'astre-roi visite présentement les étoiles de la xxiiie heure, les petites étoiles du Verseau qui nous annoncent le retour du printemps et des beaux jours; il coupe l'équateur, au point vernal, le 20 ou le 21, suivant les années, et, traversant le ruban diamanté que la fantaisie des uranographes a jeté entre les deux Poissons, il s'avance à grands pas vers le Bélier au front brillant. C'est le moment, ou jamais, de s'écrier avec le poëte :

> Il prend sa course, il s'élance,
> Comme un superbe géant...
> Bientôt sa marche féconde
> Embrasse le tour du monde
> Dans le cercle qu'il décrit;
> Et, par sa chaleur puissante,
> La nature languissante
> Se ranime et se nourrit.

Mais nous nous oublions. Pardon de la réminiscence! Laissons J.-B. Rousseau chez lui et revenons à la véritable Uranie.

La Vierge occupe à minuit le centre des constellations favorablement situées. A ses pieds, on voit la Balance; à sa tête le Lion, qui marche devant elle; à sa droite on distingue la Chevelure de Bérénice, formée par une agglomération de petites étoiles diffuses. Voici les divinités que la Vierge céleste a personnifiées simultanément ou tour à tour : Thémis, dont la Balance emblématique est prête à être consultée; Astrée, fille de Jupiter et de Thémis, qui, si l'on en croit l'auteur des *Métamorphoses*, fut contrainte par les crimes des hommes de remonter au ciel à la fin de l'âge d'or; Isis, la mère universelle du monde, selon les Égyptiens; Cérès, préposée à la garde des moissons; la Diane d'Éphèse; Cybèle, que traînaient des lions; Atergates ou la Fortune; la Sibylle, que Virgile fit descendre aux enfers; enfin Minerve, mère de Bacchus, ou Érigone, fille du Bouvier. C'est tout ce dont on se souvient. Lorsqu'on songe que ces divinités secondaires ont été, comme les principales, Saturne, Jupiter et Vénus, prises au sérieux et invoquées par tant de mortels de bonne foi, qui les croyaient dûment assises dans le ciel, à leurs quartiers respectifs, on se demande si, sur les autres mondes, on a imaginé de pareilles mythologies, et alors c'est une considération curieuse de voir de tous les points de l'espace des regards humains tendus vers d'innocents groupes d'étoiles qui représentent à chacun d'eux toutes les divinités imaginables. Le même groupe représente à ceux-ci un *Corbeau*, sinistre augure; à ceux-là une *Colombe*, symbole de paix et d'amour; aux uns l'image d'une *Vierge*, aux autres celle d'un *Cocher*, comme Bellérophon ou Myrtile, etc. Oh! que l'esprit de l'homme est riche en inventions brillantes, et qui oserait encore lui reprocher d'être aveugle, comme certains penseurs malencontreux ont eu la témérité de le faire quelquefois?

Aldébaran, la Chèvre, Rigel (double), Bételgeuse (variable), Sirius (double), Procyon (double), Castor et Pollux, le Cœur de l'Hydre, Régulus, l'Épi de la Vierge et Arcturus sont les douze étoiles de premier ordre qui constellent notre ciel pendant le premier mois de l'année latine.

AVRIL.

Le Soleil, dont l'entrée dans notre hémisphère boréal nous a ramené la saison printanière, traverse présentement la constellation des Poissons, se dirigeant vers le Bélier, où il entrera le 20 avril. En même temps qu'elle est un signe d'espérance pour l'éclat et la richesse des mois qui vont venir, cette marche rapide du Soleil vers le nord est un signe d'adieu pour le ciel des nuits d'hiver. Déjà la région magnifiquement constellée que gardent les Pléiades disparaît le soir au-dessous de l'horizon avec les derniers rayons du rouge crépuscule; le Taureau se cache; Orion et Sirius perdent, en raison de leur grand abaissement, l'intérêt qu'ils offraient aux observateurs. Ainsi, une oscillation perpétuelle soutient l'équilibre constant des choses, entre les rayons et les ombres, entre les joies de la nature et ses tristesses. La nature n'a point de fêtes trop éclatantes ni de deuils trop noirs. C'est là un sujet auquel ceux qui aiment à méditer pourront donner quelques minutes de réflexion.

Les phases de la Lune d'avril sont les phases de la *Lune rousse*.

A propos de *Lune d'avril* et de *Lune rousse*, deux observations seront bonnes à rappeler tant que les habitudes vicieuses et les préjugés ne seront pas effacés des rangs du peuple.

Les anciens, comme on peut le voir dans l'*Art de vérifier les dates*, donnaient à la lunaison le nom du mois dans lequel elle finissait. Les modernes lui donnent par convention le nom du mois dans lequel elle commence. Ainsi la Lune qui commence le 6 de ce mois s'appelait *Lune de mai* chez les anciens, et s'appelle *Lune d'avril* chez nous. Les deux dénominations sont défectueuses l'une et l'autre.

On sait, en effet, que la durée de la révolution synodique de la Lune est d'environ vingt-neuf jours et demi. Il suit de là que le mois lunaire n'est jamais égal à aucun mois de l'année civile ; celui-ci, à l'exception du mois de février, est toujours un peu plus long. De cette différence résulte qu'une même lunaison peut commencer et finir dans le même mois, et laisser après elle quelques jours qui appartiendront à une autre lunaison. Le même mois aura donc eu deux nouvelles Lunes : à laquelle des deux donnera-t-on le nom du mois ? Sans aller bien loin, la Lune qui commence, par exemple, le 1er septembre fera place le 30 à une autre nouvelle Lune ; quel nom donner à chacune d'elles ? Réciproquement, il peut se faire qu'en un mois de février il n'y ait pas une seule nouvelle Lune (*). D'un autre côté encore, en raison de la différence des longitudes de deux villes éloignées, la nouvelle Lune qui arrive au Havre, par exemple, le 31 décembre à 11h 30m, arrive en même temps à Strasbourg le 1er janvier de l'année suivante, à minuit

---

(*) En 1866, il n'y a pas de pleine Lune au mois de février. C'est un fai extrèmement rare.

20 minutes : cette Lune sera donc pour le Havre la Lune de décembre 1864, et pour Strasbourg la Lune de janvier 1865? Ces quelques observations suffisent pour montrer combien ces habitudes sont vicieuses, quelque solides qu'elles soient dans nos campagnes.

La seconde observation a pour objet la Lune rousse.

Un jour, le roi Louis XVIII, voulant avoir des renseignements exacts sur cette Lune, qui jouit d'une si grande notoriété dans les préjugés populaires, demanda au Bureau des Longitudes (lequel il appelait *son* Bureau des Longitudes, qualification royalement familière) son opinion sur les influences de cette Lune. « Sire, répondit Laplace, la Lune rousse n'a pas place dans les théories astronomiques. » L'histoire ne dit pas si le roi fut satisfait de la réponse. Mais Laplace, ayant appris que le roi s'égayait un peu de l'embarras dans lequel il avait mis les astronomes, vint à l'Observatoire demander à Arago s'il pouvait l'éclairer sur le sujet en litige. Arago s'informa près des jardiniers du Jardin des Plantes. Il apprit que les jardiniers donnent le nom de *Lune rousse* à la Lune qui, commençant en avril, devient pleine, soit à la fin de ce mois, soit dans le courant de mai.

Chacun sait que les habitants des campagnes ont astrologiquement attribué à l'influence de la Lune les gelées tardives d'avril qui *roussissent* les feuilles tendres. C'est là la cause du préjugé, et c'est en même temps là sa condamnation. Il importe de le rappeler quand l'occasion s'en présente. Nous devions le faire; mais Arago a suffisamment analysé et jugé la question dans les *Annuaires de* 1827 *et de* 1833, pour que nous n'entrions pas dans de plus grands développements à cet égard.

MAI.

.... Le printemps naît ce soir,
La fleur de l'églantier sent ses bourgeons éclore,
Et la bergeronnette, en attendant l'aurore,
Aux premiers buissons verts commence à se poser.

(Musset, *La Nuit de mai.*)

Le poétique mois de mai vient de s'ouvrir, le mois aux fraîches matinées, aux nuits mystérieuses, où l'homme dépouillé du lourd manteau d'hiver vient se retremper dans la nouvelle vie de la nature. Le printemps, en effet, que le calendrier astronomique fait commencer à l'heure équinoxiale et finir au point d'arrêt du Soleil dans le solstice, est loin d'offrir une régularité aussi mathématique. Mars ne nous séduit guère et mérite peu l'honneur d'ouvrir officiellement la saison joyeuse. Avril lui-même n'est beau que parce qu'il nous présage les riantes journées qui lui succèdent. Mai, voilà le mois du printemps, l'unique souvenir qui nous reste de l'âge d'or, où les tranquilles zéphyrs caressaient de leur tiède haleine les fleurs chantées par Ovide. (*Métam.*, l. I, v. 106.)

Les anciens étaient plus rapprochés de la nature que nous; ils donnaient quarante-huit jours à leur printemps, au lieu des quatre-vingt-douze que nous lui désignons dans nos conventions toutes géométriques. Mais ils avaient encore le grand tort de le faire commencer à la fin de mars. Quoi que nous disions et quoi que nous fassions, avec nos divisions zodiacales et nos almanachs, nous n'empêcherons jamais le mois de mai de réunir sur son front toutes les caresses et toutes les fleurs que l'on envoie de tous côtés à ce joli nom de Printemps.

Un air calme, lumineux, tiède, descend du ciel pendant le jour, répandant cette sensation printanière qui circule dans les veines des trois règnes, et que nous éprouvons nous-mêmes. L'influence du physique sur le moral, l'action de la nature sur notre être intérieur est grande et puissante; le petit roitelet des buissons le sait bien, sans avoir jamais lu Cabanis. Pendant la nuit, le bruit du feuillage se fait entendre, les petits craquements de la jeune séve coupent la monotonie du silence sans en troubler le mystère; la nature entière semble méditer et nous invite à nous associer à sa méditation.

Cette belle étoile rouge de 1re grandeur qui scintille sur le prolongement de la courbe de la queue de la Grande Ourse, à 20 degrés de l'équateur, c'est Arcturus, α du Bouvier. Elle est la cinquième des étoiles de 1re grandeur. Sa lumière a servi de base pour les déterminations relatives à l'intensité de l'éclat des étoiles suivant les diverses grandeurs. Elle est quatre fois plus brillante que α d'Andromède, la Polaire et la Grande Ourse, étoiles de 2e grandeur; elle est égale à 16 fois γ de Pégase, de 4e grandeur; à 64 fois ω de Pégase, de 6e grandeur, limite de la visibilité; réduit à $\frac{1}{64}$ de son éclat, cet astre serait donc encore visible à l'œil nu.

La parallaxe de cette étoile, ou la longueur du rayon de l'orbite terrestre vu de cette étoile, est égale à $0'',127$, d'après les observations de M. Peters, à Poulkova. Or, pour qu'une ligne droite, vue de face, se réduise à cette faible valeur, il faut qu'elle soit située à une distance égale à 1 624 000 fois en longueur. Arcturus est donc éloigné de nous de 1 624 000 fois le rayon de l'orbite terrestre, c'est-à-dire de 61 712 000 millions de lieues. A raison de 77 000 lieues par seconde, la lumière met près de vingt-six ans pour traverser le désert qui nous sépare de cette étoile.

Il nous semble que quelques méditations sur des faits de ce genre peuvent rendre fécondes les nuits silencieuses du printemps.

JUIN.

On se rappelle que le mois solsticial de 1863 fut magnifiquement inauguré par l'éclipse totale de Lune du 1er juin, dont nous avons donné la description fidèle. Celui-ci est moins bien partagé, et ne sort point de la succession ordinaire des jours, qui se renouvellent sans altération depuis l'époque lointaine où pour la première fois Hésiode chanta ses *Opera et Dies*. Mais cette permanence des grands mouvements célestes est encore un enseignement pour nous. Tandis qu'ici-bas, autour de notre foyer, tout change avec les années, tandis que l'édilité parisienne renverse nos anciennes demeures et transforme les horizons de notre enfance, là-haut s'étend sur nos têtes le même ciel qui couronna notre berceau, et les mêmes constellations que nous admirons aujourd'hui, nos ancêtres les ont contemplées dès les temps disparus qui précèdent l'histoire. La terre passe, le ciel reste.

Ainsi, pendant la soirée, si nous nous tournons du côté du sud, nous verrons s'élever et se succéder, de droite à gauche, la Vierge, la Balance et le Scorpion, dont le cœur (Antarès) passe au méridien à minuit. Ces trois constellations zodiacales dessinent visiblement l'écliptique, ligne idéale marquée ici par l'Épi, α de la Balance et β du Scorpion. C'est là que passe le Soleil en novembre pour se rendre dans le Sagittaire et le Capricorne, son double quartier d'hiver. Un peu plus haut, près de l'équateur, brille α du Serpent; un peu plus loin encore, du côté du nord, α de la Couronne, et, au levant, Arcturus; ces trois étoiles forment de la sorte un triangle facile à reconnaître. C'est au-dessus d'Antarès qu'apparut, au IXᵉ siècle, l'étoile immense observée par Albumazar.

Le zénith est marqué par *η* de la Grande Ourse, la dernière des *Septem Triones*. Par parenthèse, c'est de là que dérive le mot *Septentrion*. Cette étoile zénithale est encore le premier des chevaux du Chariot de David, et encore, si l'on écoute Properce, le premier des bœufs d'Icare :

Flectant Icarii sidera tarda boves.

Près d'elle est située la fameuse *nébuleuse en spirale* du Chien de chasse septentrional.

JUILLET.

La durée du jour, qui a commencé à décroître depuis la rencontre du Soleil avec le tropique du Cancer, diminuera de près d'une heure d'ici à la fin du mois, où nous n'aurons plus que quinze heures de Soleil. Mais si l'astre radieux nous quitte dès maintenant pour d'autres régions, de son éloignement continu vers l'équateur et de l'obliquité progressive de ses rayons ne résulte pas un amoindrissement de chaleur aussi grand qu'on pourrait le supposer tout d'abord ; au contraire, cette cause de refroidissement, relativement légère dans sa première période, est plus que compensée par l'échauffement général du sol qui a reçu les chaudes effluves des longues journées du solstice. Les observations faites ici, depuis 1806 jusqu'en 1851, donnent pour le mois de juillet une moyenne de température supérieure à la moyenne du mois de juin ; elle est de 19°,04, tandis que celle de juin n'est que de 17°,34.

Le Soleil, qui est dans le signe du Cancer depuis le 21 juin, entrera dans celui du Lion le 23 juillet. Il est actuellement dans la *constellation* des Gémeaux et passera dans celle du Cancer à la fin du mois. C'est donc la constellation du Scorpion, située à l'opposite de la précédente, qui passe au méridien vers minuit.

Au sujet du plus long jour de l'année, on se rappelle ce dicton populaire, qui est encore accrédité dans la plupart de nos campagnes :

> La Saint-Barnabé,
> Plus long jour d'été.

Avant la réforme du calendrier, la fête de Saint-Barnabé, que l'on célèbre le 11 juin, coïncidait avec le solstice d'été : mais depuis ce temps, grâce à Grégoire XIII, l'année civile, qui retardait de dix jours sur l'année vraie, fut avancée de ces dix jours, et réglée sur une détermination plus exacte que celle de Jules-César; ce qui nous assure pour plusieurs milliers d'années des périodes d'une exactitude suffisante. Saint Barnabé ne changea pas de jour pour cela; mais les habitants de nos campagnes, malgré l'almanach et les notions les plus répandues de cosmographie, n'en continuèrent pas moins à vénérer avec une ténacité digne d'un meilleur objet ce faux adage, consacré par une détestable rime : la Saint-Barnabé, plus long jour d'été.

Les étoiles visibles pendant la plus grande partie de la nuit sont la superbe étoile Véga, notre polaire dans dix mille ans; la brillante de l'Aigle, située au bord de la voie lactée, et dont le nom est Altaïr. Le Sagittaire, peuplé de nébuleuses, monte à l'horizon dès le commencement de la nuit; en avant de lui marche le Scorpion, au cœur duquel rayonne le brillant Antarès.

Ainsi, voici déjà les jours qui déclinent. Pauvre Terre qui, à peine tournée du côté de la lumière et de la gloire, te retournes aussitôt pour reprendre le chemin de l'hiver! A peine jouissons-nous des beaux jours, que déjà le cours implacable des choses nous emporte vers les régions froides; nous avons juste le temps de nous préparer des regrets. Franchement, c'est là un régime peu agréable; heureux habitants de Jupiter, combien vous devez plaindre notre sort, ô vous que la main libérale de la nature a enrichis d'un printemps sans fin!

L'astre du jour vient en effet de traverser la voie lactée à la hauteur du Taureau, entre les cornes, et passe actuellement sur les jambes des Gémeaux. Ce chemin le conduit tout droit dans l'Écrevisse, petit animal funeste qui, pendant qu'Hercule s'exténuait à combattre le Lion de Némée, le pinçait au talon dans l'espérance de l'affaiblir par la douleur, efforts stériles, mais largement récompensés par Junon, qui plaça dans le ciel la susdite écrevisse. Elle rappelle un peu le Scorpion ; or celui-ci est précisément situé en face d'elle sur la sphère céleste, et se trouve par conséquent, à cette époque de l'année, au nombre des constellations le plus favorablement situées pour l'observation.

Le Scorpion n'est pas facile à reconnaître, et, avec la meilleure volonté du monde, on ne saurait en aucune façon en tracer la forme par les étoiles qui le composent. Mais vous le remarquerez immédiatement si vous songez que la belle étoile de premier ordre Antarès en représente le cœur. Comme Antarès, α de la Couronne et α du Serpent passent maintenant au méridien vers 9 heures. Si l'on regarde le sud, le côté droit ou occidental est occupé par la Balance, la Vierge, le Bouvier et le Lion, le zénith par le Dragon. A gauche on voit Ophiuchus, l'Aigle, le Cygne, la Lyre, Hercule, et Pégase qui se lève.

Pégase commence à se lever, et le Centaure finit de se coucher. On sait que Pégase n'est qu'un demi-cheval, une tête ailée ($\varkappa\varepsilon\varphi\alpha\lambda\eta$, d'où la fable de Céphale et de l'Aurore). C'est Pégase qui, sur l'Hélicon, fit jaillir l'Hippocrène, cette source de toute éloquence, que Boileau avait presque cru retrouver sous les ombrages disparus du Parnasse mythologique.

Les étoiles α du Serpent et α de la Couronne, dont nous parlions tout à l'heure, forment un triangle avec l'étoile α du Bouvier, Arcturus. Le Bouvier tient en laisse les Chiens de chasse, à sa droite. C'est dans l'oreille du Chien de chasse de gauche, un peu au-dessous de la dernière étoile de la Grande Ourse, qu'est la plus magnifique des nébuleuses, la nébuleuse en spirale dont le grand télescope de lord Ross nous a révélé les merveilles.

AOUT.

Le Soleil s'avance présentement vers l'hémisphère austral avec une vitesse d'environ 20 minutes ou un tiers de degré par jour. Il se trouve au 1er du mois presque au zénith de Bombay, dans l'Inde, et arrive le 31 au zénith du cap Comorin, le point le plus méridional de la presqu'île indoue. Sa course dans le ciel est marquée par les constellations du Cancer et du Lion. Le 20 août, il passera près de la brillante étoile du Lion (Régulus). Du premier au dernier jour du mois les jours décroissent de 1h 39m.

Parmi les constellations visibles maintenant du soir au matin, nous mentionnerons celle du Sagittaire et celle de l'Aigle. La Lyre passe au zénith vers minuit; une des plus singulières nébuleuses lui appartient, la *nébuleuse perforée*, classée par William Herschel au nombre des curiosités du firmament et inscrite sous le n° 57, dans l'ancien catalogue de la *Connaissance des Temps*. Elle est située entre β et γ de la Lyre et paraît être composée d'un anneau d'étoiles un peu elliptique, elliptique si la forme qu'il nous présente n'est pas due à un simple effet de perspective. Elle a été découverte en 1779, à Toulouse, par d'Arquier; on voit au centre une ouverture circulaire qui occupe environ la moitié du diamètre de la nébuleuse.

On ne parle pas des phénomènes astronomiques du mois d'août sans parler des étoiles filantes. Les rêveurs, qui ne passent pas leur soirée au club ou sur les boulevards aux brillants becs de gaz, ont pu déjà remarquer ces derniers soirs que la période du 10 août approche avec ses météores. On ne croit plus maintenant, comme au temps de Sénèque, qu'une étoile filante est un astre du ciel qui s'éteint et annonce la mort d'un grand de la terre ; on est mieux éclairé sur la nature et sur l'importance relative de ces météores cosmiques. Quant à enregistrer leur nombre, la route qu'ils suivent et l'intensité du phénomène, c'est une observation qui réclame des soins assidus et persévérants. Nous nous en rapporterons, sur ce point, à notre collègue Coulvier-Gravier.

La fraîcheur et le calme de la nuit nous invitent, de préférence à tout autre moment de l'année, à faire succéder aux bruits éclatants du jour la contemplation studieuse du ciel. Jadis, cette voûte, étendue comme un pavillon sur nos têtes, paraissait élevée pour notre gloire et pour notre seul avantage ; si depuis ce temps elle a perdu cette grandeur apparente et toute fictive dont notre vanité l'avait décorée, pour une autre grandeur plus vraie et mieux affermie, nous aurons plus de profit encore à contempler et à étudier les créations qui l'enrichissent. Ce spectacle élèvera nos pensées vers une réalité plus grande et plus belle que toutes les fictions, plus utile et plus féconde en enseignements sublimes.

Quand s'éteignent les dernières lueurs du crépuscule affaibli, et quand l'occident seul garde ses brumes rougeâtres, semblables à des rideaux de pourpre se refermant sur le coucher aérien de l'astre-roi, si nous nous tournons du côté du sud, les constellations d'Ophiuchus et d'Hercule sont au méridien devant nous; au zénith, les replis du Dragon s'enroulent autour du pôle de l'écliptique, et Véga, la brillante étoile de la Lyre, étincelle sur note tête, au bord de la voie lactée qui commence à blanchir. Dans une heure cette voie neigeuse parcourra le ciel comme un fluide, et l'espace sera magnifiquement étoilé. Véga, belle étoile de 1re grandeur, forme, avec Arcturus et la polaire, un grand triangle rectangle dont elle marque l'angle droit; on sait qu'Arcturus est sur le prolongement de la ligne courbe de la queue de la Grande Ourse. La parallaxe de Véga est de o",26, tandis que celle d'Arcturus n'est que de o",127, et celle de la polaire de o",106; en d'autres termes, sa distance à la Terre n'est que de 785 600 fois le rayon de l'orbite terrestre, tandis que celle d'Arcturus est de 1 624 000 fois ce rayon, et celle de la polaire de 1 946 000. La lumière marche pendant douze ans et demi pour venir de cette étoile jusqu'à nous.

Non loin de Véga, sur le bord opposé de la voie lactée, on remarque une autre étoile de 1re grandeur, d'un blanc moins pur que celui de α de la Lyre, c'est α de l'Aigle ou Altaïr. Quelques autres étoiles distribuées autour dessinent le corps et les ailes de l'Aigle, situé tout entier sur la même branche de la voie lactée. Sur le bord de la branche voisine, qui s'étend sur le ciel comme une traînée calme de poussière lumineuse, on remarque deux ou trois petites étoiles, ε et ζ. C'est là que les habitants du système de *Sirius* voient notre Soleil qui, lui aussi, est pour eux une petite étoile. Le plus grand honneur que l'on puisse faire à notre astre radieux, dans ces pays hyperboréens, ce serait encore de le comparer à un diamant perdu dans cette brillante parure qui enveloppe le ciel comme un diadème.

Au bas de l'Aigle et d'Antinoüs, on remarque au levant le Capricorne et le Verseau qui montent, le carré de Pégase et le Sagittaire sortant de l'horizon. Du côté droit ou occidental, le Scorpion et la Balance commencent à descendre, Bérénice les précède, la Vierge est déjà sous l'horizon.

SEPTEMBRE.

Le 22 septembre, arrive l'équinoxe d'automne; le Soleil passe de notre hémisphère dans l'hémisphère austral; la nuit devient égale au jour et l'automne commence, triste acheminement vers la mauvaise saison. C'est le dernier terme des chaleurs estivales; l'excès de température qui nous reste provient même, relativement, moins du Soleil que de la chaleur emmagasinée sur la Terre depuis quelques mois, sa moyenne de 15°,46 étant presque égale à celle du commencement de juin.

Les Anglais donnent le nom de *Harvest Moon, Lune des moissons*, à la pleine Lune la plus voisine de l'équinoxe, parce qu'elle se lève alors presque aussitôt après le coucher du Soleil, et plus tôt que toutes les autres pleines Lunes de l'année, et qu'elle se trouve dans la condition la plus favorable pour faciliter les travaux de la campagne. On se rendra facilement compte de cette particularité en supposant que la pleine Lune arrive le jour de l'équinoxe d'automne; alors le Soleil se couche à l'ouest vrai, et la Lune se lève à l'est vrai; la moitié sud de l'écliptique est entièrement au-dessus de l'horizon, la moitié nord entièrement au-dessous; et l'écliptique fait en ce moment le plus petit angle possible avec l'horizon.

Les principales étoiles passeront au méridien avant minuit le 15, dans l'ordre suivant : à 8ʰ 35ᵐ α du Capricorne, à 9ʰ 1ᵐ α du Cygne, à 9ʰ 25ᵐ la 61ᵉ du Cygne, à 9ʰ 40ᵐ α de Céphée; à 10ʰ 2ᵐ ε de Pégase, à 10ʰ 22ᵐ α du Verseau, à 11ʰ 13ᵐ Fomalhaut, à 11ʰ 21ᵐ α de Pégase.

En septembre, une ligne tirée du centre du carré de la Grande Ourse sur la Polaire nous conduit, en la prolongeant, au milieu des constellations qui passent au méridien à minuit. Ce sont Cassiopée, Céphée, Andromède, Persée, Pégase, les Poissons, etc.

On remarquera dans Cassiopée plusieurs groupes d'étoiles télescopiques très-dignes d'intérêt. Non loin de l'étoile ε, on aperçoit notamment comme une main à moitié ouverte versant à profusion une gerbe de petites étoiles. Au-dessous, la nébuleuse de ν d'Andromède, dont nous avons déjà parlé, laisse entrevoir à l'œil nu sa lumière laiteuse. Γ d'Andromède est là aussi pour éprouver la puissance des lunettes.

N'oublions pas, dans Persée, Algol de la tête de Méduse, étoile variable qui passe de la 2ᵉ à la 4ᵉ grandeur dans le court intervalle de trois heures et demie. Plus au sud, vers l'équateur, on observera *Mira Ceti*, autre variable non moins célèbre et non moins curieuse. Argelander a trouvé que la durée de la phase embrassant tous les changements d'intensité de cette étoile est en moyenne de 331 jours 15 heures 5 minutes. Il y a encore δ sur le front de la figure de Céphée, variable dont les fluctuations de lumière sont perceptibles à la simple vue. On la voit passer de la 3ᵉ à la 5ᵉ grandeur, et revenir à son éclat primitif, dans l'intervalle de 5 jours 8 heures 47 minutes. On remarquera mieux ses variations si on a soin de comparer chacune d'elles avec les étoiles de même éclat qui se trouvent dans le voisinage.

On voit que le ciel de septembre ne manque pas de merveilles. Il nous présage un beau panorama pour les nuits d'hiver qui approchent.

La chute prématurée des feuilles, dans nos jardins de Paris, où les arbres manquent d'air et de fraîcheur, nous annonce néanmoins le retour prochain de la saison d'hiver, avec son cortége habituel. L'équinoxe d'automne approche, en effet, et c'est le 23 du mois dans lequel nous entrons que le Soleil arrive au signe classique de la Balance :

> Du travail, du repos, du bruit et du silence
> Rendant l'empire égal...,

comme disait l'abbé Delille. Dès l'équinoxe prochain, l'astre solaire, qui s'éloigne de nos latitudes et ne nous échauffe que sous une inclinaison de 49 degrés, nous donne des nuits de douze heures qui vont sans cesse en augmentant, et remplace, par une température moins élevée, les chaleurs accablantes qui ont signalé la dernière période estivale.

Un des épisodes les plus curieux du grand drame de la mythologie antique est présentement en scène dans nos nuits équinoxiales. Pour retracer en deux mots cet épisode, rappelons que Cassiopée, femme de Céphée, roi d'Éthiopie, eut un jour la vanité de se croire plus belle que les Néréides, malgré son origine africaine. Or les dames ne pardonnent point ces sortes de prétentions. Ces nymphes, piquées au vif, supplièrent Neptune de les venger d'un pareil affront; le dieu permit que d'épouvantables ravages fussent exercés par un monstre de mer sur les côtes de Syrie. Pour conjurer le fléau, Céphée enchaîna sa fille Andromède sur un rocher, et l'offrit en sacrifice au terrible monstre. Mais le galant Persée, justement courroucé de tant de malheurs, enfourcha au plus vite le cheval Pégase, prit en main la tête effrayante de Méduse, partit pour le rocher fatal, pétrifia le monstre en question et délivra Andromède évanouie. En commémoration de ces exploits, et pour ne point faire de privilége, toute la famille fut placée au ciel, et aujourd'hui encore, avec un peu de bonne volonté, et en connaissant assez bien les figures conventionnelles qui se partagent notre atlas céleste, on peut voir sous le dôme étoilé : Céphée trônant, couronne en tête et sceptre en main, à côté de Cassiopée assise sur un fauteuil une palme en main; Andromède, enchaînée sur un roc au milieu de l'abîme; l'un des poissons de la constellation de ce nom qui semble la mordre au flanc; Pégase volant un peu en avant; et enfin le héros de la pièce, Persée, tenant de la main droite un glaive recourbé, et de la main gauche la tête aux serpents hideux.

Voilà ce que l'œil prévenu d'un véritable amateur peut contempler à minuit par un ciel pur de nos dernières nuits d'été.

OCTOBRE.

Les effets de l'inclinaison de l'axe de la Terre sur son orbite se sont déjà fait sentir sous nos latitudes. Les mois que le calendrier républicain avait appelés des noms significatifs de *vendémiaire,* de *brumaire* et de *frimaire,* ont ouvert leur période depuis l'équinoxe d'automne, et leur température moyenne décroît successivement de 11 degrés à 7 degrés et 3 degrés jusqu'au premier mois de l'année, le plus froid de tous. Nous marchons vers l'hiver; c'est une suite inévitable de la condition astronomique de la Terre, qui nous donne des saisons disparates et des climats inhospitaliers.

A propos de l'obliquité de l'écliptique, dont nous avons eu plusieurs fois l'occasion de parler dans nos ouvrages d'astronomie, répétons qu'il est plus sage de reconnaître une infériorité manifeste dans la condition de la Terre, plutôt que d'y voir, comme on l'a fait pendant tant de siècles, le système optimiste du meilleur des mondes possibles.

Un philosophe qui jouit d'une certaine célébrité, Auguste Comte, s'est étendu longuement, dans son *Astronomie populaire,* sur la question importante de l'obliquité de l'écliptique; il émet à ce propos une idée qui, pour être impraticable, n'en est pas moins fort curieuse : c'est celle du redressement de l'obliquité de l'écliptique. « Si l'action dynamique développée par notre industrie collective, dit-il, pouvait jamais devenir assez puissante pour nous permettre d'altérer sensiblement la direction de notre axe de rotation, ce qui sera toujours fort au-dessus de nos forces quelconques, l'amélioration que nous pourrions ainsi produire dans notre condition astronomique pourrait certainement être accomplie, de manière à ne déterminer d'ailleurs aucune dangereuse perturbation.... Les dispositions existantes seraient ainsi beaucoup améliorées, pourvu que ce perfectionnement fût d'ailleurs opéré avec toute la sagesse convenable, puisque la Terre finirait ainsi par devenir mieux habitable. Tout en reconnaissant que notre action, toujours plus bornée que notre conception, ne saurait accomplir une telle opération mécanique, il importe que notre judicieuse résignation à des inconvénients que nous ne pouvons éviter ne dégénère point en une admiration stupide des plus évidentes imperfections. »

Quoiqu'elles sortent de la bouche d'un homme qui se laissa dominer par un système incomplet et exagéré à la fois, on doit reconnaître que ces paroles ne manquent pas d'une certaine originalité ; malheureusement la mécanique céleste les contredit complétement.

Le Soleil est entré dans l'hémisphère sud depuis le 23 septembre, et sa déclinaison australe, qui augmente maintenant avec tant de rapidité, atteindra 14 degrés à la fin du mois. La longitude du Soleil est à 190 degrés de son origine, prise au point vernal ; ce qui donne près de 13 heures pour son ascension droite ; ce sont donc les étoiles de la première heure qui passent actuellement au méridien vers minuit. Nous ne rappellerons pas le drame mythologique dont nous avons fait l'histoire sommaire dans nos phénomènes astronomiques du mois de septembre; mais ce sont encore là les seuls objets célestes dignes d'attention qui s'offrent en spectacle pendant les nuits généralement peu transparentes du mois d'octobre.

En même temps que les beaux jours s'effacent, les belles nuits reviennent, ce que nous perdons d'un côté nous le regagnons de l'autre, et si la saison d'automne est sous quelques faces moins agréable que celles qui la précèdent, elle nous rapporte en revanche des trésors dont nous avaient privés le printemps et la saison des longs jours.

Depuis la troisième semaine de septembre, le ciel est magnifique. Plus de ces lueurs crépusculaires qui troublaient l'obscurité des nuits, plus de vapeurs ni de nuées, le firmament est d'une pureté rare, et dans toute son étendue l'œil ne sait sur quel point se porter, tant on distingue d'étoiles. La voie lactée se découpe nettement sur le fond noir, et l'on pourrait presque compter les étoiles en suivant sériairement leur décroissance de la 1re à la 5e grandeur.

Vers minuit, et plutôt même un peu après, la voûte étoilée nous donne l'avant-goût des faveurs qu'elle nous réserve pour les mois qui vont suivre. Si l'on est tourné du côté du levant, une zone magnifique s'étend devant vous depuis l'horizon, passant sur votre tête, au zénith, et se continuant du côté du couchant. Orion, qui depuis une demi-année restait dans le ciel inférieur, est déjà levé, et se dresse comme un géant, occupant le tiers du ciel : il est immense. Les quatre étoiles qui forment les angles du quadrilatère, et qui, dans la figure mythologique, sont placées à ses épaules, à son pied gauche et à sa jambe droite, brillent d'un éclat remarquable. Les trois étoiles de sa ceinture sont trois diamants magnifiques, et l'on distingue sans peine à l'œil nu, non-seulement la garde de son épée, mais encore les petits astres qui ornent sa tête, son corps, et forment un ruban partant de son pied gauche pour marquer l'Éridan. L'étoile du pied gauche, β ou Rigel, est l'une des plus belles étoiles doubles ; la grande étoile est blanche et la petite est bleue ; par les nuits calmes dont nous sommes présentement favorisés, il semble que le reflet de la seconde étoile nuance assez l'éclat de la plus belle pour que celle-ci paraisse légèrement teintée de bleu, à côté des points d'or qui parsèment le ciel alentour.

Orion renferme encore deux autres systèmes binaires d'étoiles : ce sont les deux étoiles des extrémités du Baudrier, ou si l'on veut, le premier et le troisième Roi. Elles sont marquées δ et ζ sur les catalogues. La première, celle de droite, se compose d'un soleil blanc et d'un soleil pourpre, la seconde d'un soleil jaune et d'un soleil bleu. Ainsi voilà dans la même constellation réunis trois systèmes de mondes des plus dissemblables. Dans chacun de ces systèmes, deux soleils au lieu d'un ; non-seulement deux soleils comme le nôtre, mais deux soleils diversement colorés ; sur les planètes qui appartiennent au premier, un astre blanc et un astre bleu se disputent l'empire du jour, donnant naissance, par les combinaisons sans nombre de leur chaleur, de leur lumière, de leur puissance électrique, à une variété d'actions incomparables et inimaginables pour nous, voués à un unique soleil. Sur les planètes qui appartiennent au second, c'est un soleil pourpre qui vient diversifier la blanche lumière de son congénère. Sur celle du troisième, le monde des couleurs essentiellement différentes des nôtres, puisqu'il n'y a point là de lumière blanche génératrice de toutes les teintes, présente une série inconnue de nuances, issues des mariages de l'or et du saphir. Ces planètes sont probablement des planètes vertes, et la couleur des objets à leur surface ne doit en quelque sorte qu'osciller autour de cette moyenne, soit du côté du jaune, soit du côté du bleu.

Mais cette richesse de systèmes stellaires ne constitue pas encore tout le patrimoine de cette belle constellation d'Orion. Outre cela, elle renferme encore le plus complexe des systèmes multiples qu'on ait jamais rencontrés dans le ciel. En effet, c'est dans l'étoile θ d'Orion, un peu au-dessous de l'épée, que l'on admire le groupe merveilleux de six soleils rassemblés au même point du ciel. Quatre étoiles principales de 4ᵉ, 6ᵉ, 7ᵉ et 8ᵉ grandeur sont disposées aux quatre angles d'un trapèze dont la plus grande diagonale sous-tend un angle d'environ 21 secondes; les deux étoiles de la base ont de plus chacune un très-faible compagnon de 11ᵉ et 12ᵉ grandeur. Que ces six étoiles forment en réalité un système physique, et qu'elles soient reliées entre elles comme les systèmes binaires par la loi de gravitation, c'est ce que nous ne nous permettons pas encore d'affirmer. Il peut se faire qu'il n'y ait là qu'un effet d'optique, que ces six étoiles soient en réalité complétement indépendantes l'une de l'autre, situées à diverses profondeurs et à des distances immenses, mais que se trouvant sur des rayons visuels fort rapprochés, elles nous paraissent rassemblées sur un même plan. Cependant il y aurait des probabilités en faveur de l'opinion que cette étoile sextuple constitue un véritable système : c'est que le mouvement propre de l'étoile principale (celle de 4e grandeur) est partagé par les cinq autres.

Il y a encore dans Orion la 23e (696 du Catalogue de Struve), qui est une étoile double remarquable, en ce qu'au lieu d'avoir sa principale blanche et sa petite bleue, comme dans les autres cas, c'est le contraire qui se présente.

Voilà beaucoup sur une seule constellation ; mais à tout seigneur tout honneur, et puisque Orion revient sur notre hémisphère, saluons-le par l'énumération de tous ses titres. Nous ne faisons plus guère de mythologie maintenant ; il est bon de commencer par l'histoire ancienne, mais pourquoi y revenir ? Il y a des choses plus importantes.

NOVEMBRE.

Le Soleil est actuellement dans la *constellation* de la Balance : il passe le 5 novembre sur l'étoile α de cette figure, se dirigeant vers le Scorpion. Le 22, il entrera dans ce dernier astérisme, touchera l'étoile β, de

2ᵉ grandeur, et passera à moins de 2 degrés au nord d'Antarès. Dès lors, sa course ne sera plus marquée dans le ciel par aucune étoile brillante.

Les constellations (non les signes) de la Balance et du Scorpion étant présentement les maisons zodiacales du Soleil, comme on les appelait jadis, il en résulte que ce sont les constellations du Bélier et du Taureau, situées à 180 degrés de longitude des précédentes, qui passent actuellement au méridien vers minuit et qui sont les plus favorablement situées pour l'observation. On remarque dans la seconde l'un des objets célestes les plus beaux et les plus anciennement connus; nous voulons parler des Pléiades, situées sur le cou du Taureau, brillante réunion de soleils dont les annales astronomiques de tous les peuples font mention depuis la plus haute antiquité. On sait à quelles fictions leur position dans le ciel a donné naissance. Ovide s'est donné la peine de rapporter fort au long leur histoire, et grâce aux poëtes de l'antique mythologie, nous pouvons avec un peu de bonne volonté voir encore aujourd'hui le géant Orion poursuivre éternellement ces pauvres filles d'Atlas, sans jamais pouvoir les atteindre. On n'en compte que six à la simple vue; mais il paraît qu'elles étaient jadis au nombre de sept; c'étaient : Électre, Maïa, Taygète, Alcyone, Aséléno, Stérope et Mérope; c'est celle-ci qui abandonna ses compagnes et se retira près du pôle, humiliée d'être la seule qui n'eût pas eu commerce avec les dieux. On remarque encore que la tête du Taureau forme le groupe des Hyades, nymphes de Dodone, filles de l'Océan et nourrices de Bacchus. La brillante étoile rouge à laquelle les Arabes ont donné le nom d'*Aldébaran* est une des Hyades, c'est l'œil du Taureau. Comme la présence des Hyades au-dessus de l'horizon annonçait et annonce encore pour nous le retour des pluies, la légende raconte que leur frère Hyas ayant été dévoré par une lionne, les dieux les placèrent au ciel pour les consoler; ce qui ne les empêche pas de pleurer toujours. Les constellations qui décorent les nuits si rarement pures de novembre sont, outre les précédentes, celles d'Orion, de Persée avec la Tête de Méduse, et du grand fleuve Éridan, qui va se perdre dans les régions invisibles du ciel antarctique.

Il ne faut pas oublier que le mois de novembre est, avec le mois d'août, la période la plus féconde pour l'apparition des étoiles filantes. Les nuits du 11, du 12 et du 13 sont l'époque du maximum. Pour en citer quelques exemples seulement, nous rappellerons le flux extraordinaire de ces météores qui illumina le ciel comme un immense feu d'artifice, le 12 novembre 1799, sur une bande large de 60 degrés, et qui ne s'élevait pas à moins de 50 degrés de l'horizon; des milliards d'étoiles filantes sillonnèrent le ciel pendant plus de quatre heures, phénomène observé depuis l'équateur jusqu'au pôle nord. Nous rappellerons encore la nuit du 12 au 13 novembre 1818; celles du 12, en 1820, en 1822 et en 1823; celles du 11, en 1828, et du 13, en 1831, pendant lesquelles se manifestèrent de brillantes apparitions de bolides et de véritables pluies d'étoiles filantes. Nous rappellerons enfin les nuits des 11, 12 et 13 novembre 1832, pendant lesquelles on observa, dans toute l'Europe, en Arabie et aux États-Unis, une pluie incessante d'étoiles filantes; le phénomène avait acquis une telle intensité, qu'à l'île Maurice, aussi bien qu'en France, il était impossible de compter ces météores, et qu'en certaines localités, par exemple à Limoges, nombre de personnes furent saisies d'épouvante et se cachèrent. La moyenne du nombre horaire d'étoiles filantes, pour minuit, paraît être de 9,5 pour le mois de novembre.

Il arrive parfois aux feuilles publiques de commettre de singuliers petits péchés contre la science, fautes vénielles bien entendu, et qu'on leur pardonne sans la moindre arrière-pensée. C'est ainsi que du 10 au 15 octobre 1864, on a vu tous les journaux possibles avancer et répéter, sans commentaire, l'assertion suivante : « La planète Mars, *qui n'est visible que tous les quinze ans,* est actuellement dans sa plus belle période d'éclat, et on la reconnaît facilement le soir à sa lumière rouge. » La première main qui s'est permis une pareille légèreté mériterait un petit coup de férule ; mais pardonnons encore cette fois, et contentons-nous de relever l'erreur sans en chercher le légitime propriétaire.

Chacun sait, en effet, que Mars est la première et la plus proche des planètes supérieures, que la durée de sa révolution sidérale est de 687 jours, ou 1 an 10 mois et 22 jours, et qu'en tous les points de son orbite elle reste visible pour la Terre. S'il y avait une planète qui se dérobât quelquefois dans les profondeurs du ciel à notre observation de chaque jour, Mars serait la dernière qui pût se trouver dans ce cas. Du reste, de quelle manière a-t-on pu s'imaginer une pareille chose? Les planètes ne sortent pas de leur orbite ; en quelque instant de l'année qu'on le désire, on peut les voir, les unes et les autres, dans la zone zodiacale : ce ne sont pas des comètes qui périodiquement approchent de la Terre pour s'en éloigner ensuite à toutes les distances.

Si l'on voit Mars maintenant le soir, c'est uniquement parce que son opposition arrive vers la fin de ce mois, qu'à cette époque il passe au méridien à minuit, et se trouve, par conséquent, dans la position la plus favorable pour l'observation nocturne. Après cette époque, il diminuera de vitesse, et lorsqu'il ne sera plus qu'à 137 degrés de distance angulaire au Soleil, il restera plusieurs jours stationnaire par rapport aux étoiles. Après avoir habité pendant plus d'un mois la constellation du Taureau, il reprendra sa course en ligne directe vers l'occident, jusqu'au moment de la quadrature, pendant laquelle il passe au méridien à 6 heures du soir ; puis il atteindra sa conjonction, se ralentira et stationnera de nouveau, puis, en passant par une nouvelle quadrature, il reviendra, par un mouvement rétrograde, vers une nouvelle opposition. Cette succession d'apparences, qui constitue le mouvement de la planète, s'accomplit en deux ans environ. Les quinze ans que nous avons rappelés plus haut n'ont aucun rapport avec aucun des éléments de la planète Mars. L'auteur en question aura eu une réminiscence de l'anneau de Saturne qui devient *invisible* tous les quinze ans. C'est l'époque où il se présente à nous par sa tranche (*).

À neuf heures du soir, l'étoile α d'Andromède se trouve au zénith même. On sait que cette étoile, nom-

(*) *Voir* la Note IX à la fin du volume.

mée *Sirrah* par les Arabes, est la première des fondamentales. et marque la ligne qui joint au pôle le point
vernal, ou l'équinoxe de printemps. C'est une étoile de
2e grandeur, qui forme l'angle nord-est du carré de
Pégase ; au nord-ouest de cette figure, facile à reconnaître, on voit Scheat, ou β de Pégase ; au sud-ouest
Maekab ou α ; au sud-est Algénib ou γ.

L'étoile α d'Andromède est aussi le δ de Pégase ; en
prolongeant du côté du nord la diagonale qui va de cette
étoile à α de Pégase, on trouve β et γ d'Andromède,
puis α de Persée, toutes de 2e grandeur. L'ensemble
de ces trois étoiles et du carré de Pégase forme une
grande figure offrant beaucoup d'analogie avec celle de
la Grande Ourse.

En se tournant vers le sud, on a maintenant à gauche : Andromède, le Bélier, le Taureau, les Pléiades,
la Baleine, et Orion qui se lève ; au méridien, Algénib
et les Poissons ; à droite, Antinoüs, le Verseau, le Capricorne, l'Aigle et la Lyre, où la brillante Véga fait
étinceler son diamant d'une éclatante blancheur. C'est
la seconde étoile du ciel, la première après Sirius qui
bientôt va briller dans nos nuits d'hiver.

DÉCEMBRE.

Voici le solstice d'hiver qui approche. D'après notre
antique calendrier, le Capricorne, figure symbolique du
retour du Soleil, attend le grand astre qui s'avance
avec rapidité suivant la courbe zodiacale, et qui atteindra, le 22 décembre, le point fictif où il paraît s'ar-

rêter pour revenir aussitôt vers notre hémisphère; en réalité, c'est le Sagittaire qui remplit actuellement le rôle du Capricorne. Dès lors, la présence du Soleil sur notre horizon, qui s'était réduite successivement à huit heures, reprendra un lent accroissement, et nous ramènera peu à peu ces longs jours auxquels nous aspirons, quand nous en sommes privés, et pour lesquels nous sommes si indifférents, lorsque la bienveillante nature nous en gratifie.

Les Gémeaux, ou les Dioscures, passent maintenant au méridien à minuit; cette constellation zodiacale forme donc le centre des points les plus favorablement situés pour l'observation, dans le cours du mois de décembre. On sait que les Gémeaux se composent principalement de deux étoiles brillantes, Castor et Pollux, de 2ᵉ grandeur. Ces deux étoiles ont été appelées de divers noms, selon les temps et selon les peuples, et les astres qui personnifiaient aux Grecs d'il y a vingt-cinq siècles les fils de Jupiter et de Léda ont représenté tour à tour Apollon et Hercule, Triptolème et Jasion, Amphion et Zéthès. Ils étaient le symbole de l'amitié, et aussi celui de la fécondité, parce que l'astre du jour habitait leur demeure pendant le mois où la Terre est décorée de ses richesses les plus précieuses.

Le géant Orion parcourt lentement le ciel, en suivant l'équateur. Son *Baudrier*, formé de trois belles étoiles, représente dans nos campagnes un *Râteau*, ou encore les *trois Rois* mages.

La plus belle étoile du ciel, Sirius, ou α du Grand Chien, resplendit maintenant pendant la plus grande partie de la nuit. On sait que, grâce aux travaux de sir John Herschel, l'intensité de sa lumière absolue a été évaluée à 224 fois celle du Soleil, et que sa parallaxe, portée à o″,23, donne, pour sa distance à la Terre, le nombre assez raisonnable de 52000 milliards de lieues. Il suit de là que lorsque nous l'observons aujourd'hui, ce n'est point le Sirius d'aujourd'hui qui est vu de nos yeux, mais bien le Sirius d'il y a vingt-deux ans : le rayon de lumière qui nous arrive aujourd'hui a été envoyé par Sirius vers 1840.

Les belles nuits d'hiver sont venues et les beautés du ciel se sont donné rendez-vous pour briller ensemble sur nos têtes. Au midi, les sept étoiles d'Orion resplendissent et développent aux yeux de l'observateur un vaste champ d'étoiles doubles, β ou Rigel, δ et ζ, ou les deux de l'extrémité du Baudrier, et encore l'étoile sextuple θ placée en dessous de la Ceinture. A gauche d'Orion, au bas du côté du levant, resplendit Sirius, la première étoile de notre ciel, marquant la tête de la constellation du Grand Chien ; en la comparant à Mars, comme il est facile de le faire à cette époque, on la trouve bleue, tandis que celui-ci est d'un jaune d'or ; plus haut, à la même hauteur que α d'Orion, Procyon étincelle ; plus haut encore, Castor et Pollux forment le sommet de la figure oblongue des Gémeaux, au bas desquels, vers μ, une petite lunette peut montrer Uranus, dont le mouvement commence à dessiner l'S allongé qu'il décrira pendant l'année prochaine en cette région du zodiaque.

A droite d'Orion, et plus haut, on remarque les étoiles brillantes Aldébaran et β Cocher, qui présentement forment les deux angles d'un triangle isocèle avec

la planète Mars, qui en occupe le sommet. Cette planète, dont le mouvement est considérablement ralenti,
sera visible tout l'hiver dans cette constellation du
Taureau. Comme elle rétrograde vers l'est, elle forme,
avec les deux étoiles que nous avons nommées, un angle
de plus en plus ouvert, jusqu'au moment où le triangle
se trouvera insensiblement transformé en une seule
ligne droite; c'est le 5 mars que la planète ne formera
qu'une même ligne avec Aldébaran et β Cocher. A partir
de cette époque, le triangle se formera en sens inverse,
la planète tournée vers l'est, et Mars continuant sa
course rétrograde s'avancera à grands pas le long du
zodiaque, traversant les Gémeaux, le Cancer et le Lion,
où il arrivera en juillet, c'est-à-dire à l'époque où cette
constellation se couche. Ce sera là sa dernière période
de visibilité pour cette année.

Suivant la zone zodiacale, les planètes passent tour
à tour sur les signes antiques de la sphère caucasienne,
elles viennent se mêler aux constellations, et dominent
souvent par leur éclat les étoiles plus lointaines. Derrière elles, dans les profondeurs insondables d'un espace
sans fin, pâlissent les Pléiades effacées. Il semble à l'œil
non prévenu qu'on approcherait de ce groupe lointain
en mettant le pied sur Mars ou sur Jupiter pour
première étape, et cependant 20, 100 ou 200 millions de lieues qui nous séparent de ces planètes ne
sont qu'une quantité insignifiante à côté de l'immense
éloignement qui creuse un abîme entre nous et ces
créations inconnues. De toute antiquité les Pléiades
attirèrent l'attention première. Job les prend à témoin
dans son apostrophe à l'homme orgueilleux ; la naviga-

tion antique leur avait demandé une boussole céleste ; c'était la constellation des navigateurs, et c'est là son vrai nom, ελκιν ; la Fable s'en est autorisée par de gracieuses fictions. Mais quelle est l'étendue, quelle est l'importance, quel est le rôle de cette agglomération de soleils dans l'ordre sidéral? Première des nébuleuses, irrésoluble pour ceux-ci, résoluble pour ceux-là, sur quels mondes répand-elle sa multiple lumière? pour quels regards verse-t-elle ses rayonnements insaisissables? La pensée se sent attirée vers elle pendant la nuit silencieuse et cherche en vain à percer le mystère. Mais la contemplation n'est pas stérile ; du haut des sphères célestes l'esprit embrasse une plus vaste étendue et connait mieux la valeur de son habitation terrestre.

II.

POSITIONS DES PLANÈTES EN 1867.

Les coordonnées astronomiques par lesquelles on indique, dans les ouvrages spéciaux, le mouvement des planètes dans le ciel, sont loin d'être à la portée de tous ceux que l'observation des astres intéresse. Il est généralement difficile, pour ne pas dire impossible, à un amateur ordinaire de faire les recherches nécessaires pour savoir en quel point du ciel se trouve l'astre qu'il

désire examiner ; et lors même qu'il saurait par quels
degrés d'ascension droite et de déclinaison réside cet
astre, il ne saurait pas encore le trouver immédiatement
parmi les étoiles : aussi voyons-nous souvent des personnes désireuses d'observer telle ou telle planète, et
ne sachant vers quelle constellation diriger leurs regards.

La carte qui accompagne ce travail donne pour toute
l'année la marche des planètes supérieures, Mars, Jupiter, Saturne et Uranus. Nous n'avons pas dessiné
celle des planètes inférieures, Vénus et Mercure, situées
entre le Soleil et la Terre, parce qu'elles se trouvent
toujours dans le voisinage du Soleil, et que l'œil le moins
exercé peut les reconnaître lorsqu'elles brillent, soit
avant le lever de l'astre du jour, soit après son coucher. Mercure demeure constamment dans le rayonnement solaire, et s'éloigne à peine de ce foyer central ;
Vénus ne brille que pendant quelques heures dans les
régions orientales ou occidentales, suivant qu'elle précède ou qu'elle suit le Soleil, et sa lumière éclatante
la fait reconnaître sans aucune difficulté.

On remarquera dans notre carte, afin de s'y reconnaître avec plus de facilité, le sens du mouvement de
la sphère céleste, d'orient en occident, indiqué par une
flèche. Le nord est en haut, le sud en bas. Les lignes
verticales représentent les heures et degrés d'ascension droite ; les lignes horizontales représentent les
degrés de déclinaison, soit au nord, soit au sud de
l'équateur.

La première planète du système, *Mercure,* monde
incessamment baigné dans l'auréole de la lumière so-

laire, garde sa position privilégiée près de l'astre-roi. Il ne s'éloigne jamais qu'à quelques degrés de distance. Pour l'observer, il faut le chercher, soit le matin, à l'orient, quelque temps avant le lever du Soleil, soit le soir, à l'occident, quelque temps après son coucher, suivant que la planète précède ou suit l'astre central. Au 1er janvier 1867, il passe au méridien à 22^h 31^m, temps moyen astronomique, heure qui correspond, en temps civil, au 2 janvier, 10^h 31^m du matin. A cette époque, il devance donc le Soleil dans sa marche (on sait que le Soleil passe au méridien à midi); c'est, par conséquent, le matin qu'il faut le chercher dans le ciel oriental, avant que la clarté de l'aurore soit devenue assez intense pour effacer sa pâle lumière.

Dès le milieu de février, il n'est plus possible de distinguer la planète; la lumière du Soleil, dont elle s'est trop rapprochée, l'absorbe et l'efface : c'est ainsi que les courtisans perdent leur personnalité en s'humiliant devant le trône royal. Le 11 février, elle arrive à sa première conjonction supérieure de l'année, c'est-à-dire qu'elle se trouve alors à la même longitude que le Soleil et qu'elle passe derrière cet astre, lequel se trouve entre elle et nous. A partir de cette époque, elle passe au méridien après midi : le 1er mars, à 1^h 7^m du soir; le 1er avril, à 11^h 25^m du matin. Sa plus grande élongation a lieu le 9 mars. Le 26 mars, elle passe par sa conjonction inférieure, c'est-à-dire entre le Soleil et la Terre. Pendant cette phase, c'est le soir qu'il faut la chercher, à l'occident et après le coucher du Soleil.

Comme la révolution de Mercure autour du Soleil

s'accomplit en moins de trois mois, et que c'est de cette révolution combinée avec celle de la Terre en un an que résultent les apparences dont nous parlons ici, on voit que ces apparences doivent se renouveler plusieurs fois dans la même année. C'est, en effet, ce qui a lieu. La planète passe trois fois par sa conjonction supérieure : le 11 février, le 31 mai, le 14 septembre, et trois fois par sa conjonction inférieure : le 26 mars, le 2 avril, le 21 novembre. Voici ses passages au méridien pour le premier jour de chaque mois : 1er mai, 10h 23m du matin ; 1er juin, midi ; 1er juillet, 1h 53m ; 1er août, midi 12m ; 1er septembre, 11h 13m du matin ; 1er octobre, midi 34m ; 1er novembre, 11h 8m ; 1er décembre, 10h 37m.

Ces données suffisent pour les amateurs qui désirent faire connaissance ou continuer leurs relations avec le messager de la lumière, Mercure aux talons ailés. Lorsqu'il passe au méridien le matin, cherchons-le à l'orient, aux premières clartés de l'aurore. Lorsqu'il passe au méridien le soir, cherchons-le au couchant, aux dernières clartés du crépuscule. Aux dates de ses conjonctions, ne le cherchons pas, ce serait peine perdue.

Avec une bonne lunette, nous remarquerons ses phases. A l'époque de sa conjonction inférieure, c'est un croissant très-effilé. A l'époque de ses élongations, c'est un quartier. A celle de la conjonction supérieure, c'est une pleine lune.

La seconde planète du système, *Vénus*, décrit avec plus d'amplitude encore la ligne sinueuse dont nous venons de parler, et son mouvement peut surtout ser-

vir de type pour l'explication des deux planètes inférieures. « Si l'on observe Vénus à une époque convenablement choisie, dit M. Delaunay, on la voit le soir,
peu de temps après le coucher du Soleil, dans la région
du ciel qui avoisine le point de l'horizon où le Soleil a
disparu. Elle se montre comme une des plus brillantes
étoiles du firmament. Bientôt le mouvement diurne du
ciel, auquel la planète participe comme tous les autres
astres, l'amène elle-même jusqu'à l'horizon, et elle
disparaît à son tour. Les jours suivants, on voit Vénus
à la même heure et dans la même région du ciel ; mais
elle paraît de plus en plus éloignée du point de l'horizon où le Soleil s'est couché, et elle se couche elle-
même de plus en plus tard. Il y a, sous ce rapport,
de l'analogie entre les apparences que présente le mouvement de Vénus sur la sphère et celles du mouvement de la Lune à partir d'une nouvelle Lune ; cependant il existe entre ces deux mouvements une différence
essentielle qu'il faut signaler : c'est que le changement
qu'on observe d'un jour au lendemain, dans la position
de l'astre par rapport à l'horizon, après le coucher du
Soleil, est beaucoup moins sensible pour Vénus que
pour la Lune.

» Ces apparences résultent évidemment de ce que la
planète, située à l'est du Soleil sur la sphère céleste,
s'éloigne de plus en plus de lui, en s'avançant vers l'orient.
Au bout de quelque temps, Vénus cesse de s'éloigner
du Soleil et commence au contraire à s'en rapprocher
peu à peu, de sorte que l'on continue à la voir le soir,
un peu après le coucher du Soleil, mais dans des positions de plus en plus voisines du point de l'horizon où

le Soleil a disparu. Bientôt la planète se trouve si près du Soleil, qu'on ne peut plus la voir; lorsque la lueur crépusculaire s'est assez affaiblie pour que Vénus puisse être aperçue, cette planète s'est déjà abaissée au-dessous de l'horizon.

» Après quelques jours, pendant lesquels Vénus ne peut pas être aperçue, on peut l'observer de nouveau, mais à l'ouest du Soleil. Alors on la voit le matin, du côté de l'orient, quelque temps avant le lever de cet astre ; car, en vertu de la nouvelle position qu'elle occupe sur la sphère, elle se lève et se couche avant lui. En l'observant pendant un assez grand nombre de jours successifs, le matin, peu de temps avant le lever du Soleil, on reconnaît qu'elle s'éloigne de cet astre vers l'occident; on la voit de plus en plus loin du point de l'horizon où il va se lever.

» Bientôt sa distance au Soleil n'augmente plus, et elle commence à se rapprocher de lui peu à peu ; on la voit toujours le matin, avant le lever du Soleil, mais elle se trouve dans des positions de plus en plus voisines du point où cet astre doit apparaître après peu d'instants.

» Enfin la planète se rapproche tellement du Soleil, qu'on cesse de la voir pendant plusieurs jours. Lorsqu'on l'aperçoit de nouveau, elle se trouve à l'est du Soleil ; c'est le soir qu'elle est visible : à partir de là, on la voit repasser successivement par les diverses positions qu'on l'avait vue prendre précédemment. »

Cette planète passe au méridien : le 1er janvier, à 10 heures du matin ; le 1er février, à 9h 3m; le 1er mars, à 9h 6m ; le 1er avril, à 9h 24m ; le 1er mai, à 9h 38m ;

le 1er juin, à 9ʰ 55ᵐ; le 1er juillet, à 10ʰ 24ᵐ; le 1er août, à 11ʰ 5ᵐ; le 1er septembre, à 11ʰ 37ᵐ; le 1er octobre, à 11ʰ 57ᵐ; le 1er novembre, à midi 22ᵐ; le 1er décembre, à 1ʰ 2ᵐ. Elle sera visible tous les matins, jusqu'au mois de juillet. Sa conjonction supérieure arrivera le 25 septembre, sa plus grande élongation le 20 février. En février, elle paraîtra comme la Lune dans son dernier quartier; son diamètre décroît à dater du 1er janvier jusqu'au commencement d'octobre. A la première de ces époques, il emploie 3ˢ 56, à passer au méridien; à la seconde, 0ˢ 64, seulement.

Ces deux planètes étant, d'après ce qui précède, faciles à trouver dans les régions orientales ou occidentales, et se trouvant toujours du côté du Soleil, nous ne croyons pas qu'il soit nécessaire de dessiner la carte de leurs mouvements. Mais pour les planètes supérieures, Mars, Jupiter, Saturne et Uranus, ce dessin donnera immédiatement leurs positions pour toute l'année, et indiquera mieux qu'aucun détail explicatif leur passage à travers les constellations zodiacales.

On reconnaîtra, dès la première inspection, la route de *Mars*, de la v11e à la x1xe heure d'ascension droite, et du 27e degré de déclinaison boréale au 25e de déclinaison australe, en suivant sensiblement la ligne de l'écliptique. Comme il décrit une large sinuosité dès le commencement de l'année, il est bon, pour pouvoir le suivre facilement, de le prendre sur sa route régulière, avant ses écarts. Nous tracerons donc son voyage à partir du 1er octobre. Il vient en ce moment de couper la ligne de l'écliptique et recule vers l'étoile δ des Gémeaux, au-dessus de laquelle (du côté du nord) il passe le 10. Le 1er novembre, il arrivera sur le prolongement de la ligne de Castor et Pollux, et continuera de reculer lentement vers l'est jusqu'au commencement de décembre. En ce moment il s'arrête; puis il revient sur ses pas, dans le sens du mouvement diurne, s'écartant vers le nord et s'approchant de Pollux, au-dessous duquel il passe le 12 janvier 1867. (*Voir* la carte à gauche, VIIe heure.) Le 15 février il s'arrête de nouveau, puis rétrograde en repliant sa route, et suit désormais sensiblement l'écliptique, un peu au nord. (Suivre la continuation du cours à droite de la carte, VIIIe heure.) Il passe presque sur Régulus le 16 juin et sur β de la Vierge le 2 août. Il entre dans la Balance le 26 septembre, passe sur α le 14 octobre, traverse ensuite le Scorpion en suivant l'écliptique, et éclipsera de ses feux empourprés les pâles étoiles du Sagittaire le 1er janvier 1868.

Les constellations que Mars habitera successivement brilleront au-dessus de l'horizon de Paris pendant tout l'hiver et le printemps. On pourra donc chercher Mars tous les soirs. Le 1er octobre 1866, il passe au méridien à 6^h 12^m du matin et commence à briller à l'orient vers minuit, se levant à 10 heures du soir. Il avance chaque mois de plus d'une heure. Le 1er novembre, se levant à 9^h 7^m du soir, il passe à son point culminant à 5^h 7^m du matin; le 1er décembre, à 3^h 33^m, et le 1er janvier 1867, à 1^h 6^m. Il se lève alors avant 6 heures du soir. Ses passages au méridien, les premiers jours de chaque mois, seront successivement : février, 10^h 12^m du soir; mars, 8^h 16^m; avril 6^h 49^m; mai, 5^h 45^m; juin, 4^h 47^m; juillet, 3^h 53^m. A partir de cette époque, il se couchera avec le jour et ne sera plus visible parmi les beautés du soir.

Le 1ᵉʳ janvier 1867, *Jupiter* sera par 20ʰ 37ᵐ 3ˢ d'ascension droite et par 19° 11′ 28″ de déclinaison australe. Cette position est un peu au sud de l'écliptique, et c'est là que passera le Soleil le 30 janvier. Jupiter se trouvera alors dans la constellation du Capricorne, à peu près sur le prolongement de la ligne αβ et un peu à l'est. (Suivre sur la carte, xx1ᵉ heure.) Jusqu'au 1ᵉʳ juillet il rétrogradera dans le sens contraire au mouvement diurne, et suspendra sa marche avant d'arriver vers la petite étoile λ du Verseau. Là il stationnera et, revenant sur ses pas, retournera vers le Capricorne par une ligne sensiblement parallèle à celle qu'il avait suivie, mais dirigée dans le sens du mouvement diurne. Enfin, il stationnera de nouveau après le 15 octobre, et prendra de nouveau son vol vers l'orient. On voit, à l'inspection de la carte, qu'en somme il n'aura avancé que de 1ʰ 40ᵐ d'ascension droite ou 25 degrés dans toute l'année terrestre. Durant l'année 1866 il aura parcouru 28 degrés. Cette vitesse apparente dépend des positions réciproques de la Terre et de Jupiter sur leurs orbites annuelles. En réalité Jupiter parcourt en moyenne 30 degrés de la sphère céleste, nombre qui multiplié par 12 donne 360 degrés. On sait, en effet, que l'année de cette lointaine planète est environ douze fois plus longue que la nôtre.

Il nous reste maintenant à savoir à quelle époque la xx1ᵉ et la xx11ᵉ heure passent au méridien vers minuit : c'est quand le Soleil se trouve dans la 1xᵉ et dans la xᵉ heure, du 6 août au 6 septembre. A cette époque donc la planète passera au méridien au milieu de la nuit. Dès la fin du mois de juin on la verra étinceler à l'orient, vers 11 heures du soir ; dès le milieu du mois de juillet, vers 10 heures. Les étés de 1866 et de 1867 seront couronnés de ses feux splendides. Sa conjonction de 1867 arrivera dans la nuit du 25 au 26 août. A cette époque Jupiter et la Terre ayant la même longitude se trouvent l'un et l'autre du même côté du Soleil, à l'opposite de l'astre radieux. C'est en ce moment qu'il sera le plus rapproché de la Terre : sa distance descendra à 3,9964, la distance de la Terre étant 1. Ce nombre porte encore sa distance réelle à 152 millions de lieues.

Saturne précède toujours Jupiter à l'occident ; comme les années précédentes, il est en avance sur lui de plus de trois heures. Il habite la Balance et brille de son éclat terne entre β Balance et β Scorpion. A dater du mois de mars, il prend son essor dans le sens du mouvement diurne et descend jusqu'au 15 juillet les étoiles de la Balance. A partir de cette époque, il rétrograde en ligne droite jusqu'au 1er janvier 1868, après être passé immédiatement au-dessus de l'étoile de 2e grandeur β du Capricorne. Saturne passera au méridien à minuit, dans la nuit du 10 au 11 mai. Il sera visible pendant la soirée à dater du mois de mars. Le 11 mai, sa distance à la Terre sera représentée par 8,9072, c'est-à-dire par 338 millions de lieues. C'est sa distance minimum.

La voie lactée, qui n'est pas dessinée sur notre carte, descend obliquement par le Cygne, l'Aigle, l'Écu de Sobieski, le Télescope, passe entre le Sagittaire et le

Scorpion, et sépare par conséquent pendant toute l'année Jupiter de Saturne.

Les Gémeaux gardent *Uranus*. Ce sont eux qui l'ont offert à William Herschel, lorsqu'en 1781, dans la soirée du 13 mars, ce célèbre astronome interrogeait leur signe à l'aide du télescope qu'il avait construit lui-même. Les Gémeaux appartiennent au zodiaque d'hiver, au sommet duquel ils sont assis à minuit le 20 décembre ; ils ont la même position à 6 heures du soir le 22 mars ; à midi le 20 juin, et à 6 heures du matin le 22 septembre. Il ne faudra donc pas attendre au mois d'avril pour chercher Uranus. Cette planète, n'offrant qu'un diamètre angulaire de 4 secondes, est très-difficile à distinguer à l'œil nu.

Mars 1866.

NOTES.

I (p. 20).

Obscurcissement du Soleil. — Les *Monthly Notices* ont
publié récemment un passage curieux relatif à un ancien
obscurcissement du Soleil qui ne dura pas moins de dix-
huit jours. Ce passage a été remarqué par M. Carrington, et
extrait par lui d'un vieux livre de magie noire intitulé : *la
Parade des Papes.* Cet ouvrage, écrit en latin par maître
Bale, fut traduit en anglais en 1574. Voici le fait en question.

« Uspergensis raconte qu'au temps de Léon, le Soleil fut
obscurci et perdit sa lumière pendant dix-huit jours, de
sorte que les vaisseaux erraient çà et là sur la mer. Il raconte encore que, dans une autre année, cet astre fut éclipsé
deux fois, la première fois en juin, la seconde en décembre,
et que, dans la même année, la Lune fut également éclipsée
deux fois, en juillet et en janvier (*). »

(*) Nos lecteurs linguistes seront peut-être curieux d'avoir un échan-
tillon de cet ancien anglais, antérieur à Shakespeare. Voici le texte original : « Vspergensis saith, that, in this time of Leo, the Sunne was dar-
kened, and lost his light for eightene days, so that the shippes of the on
the sea wandred to and fro. Also that in an other yeare it was twyse in the
Eclipse : firste in June, secondly in December. Likewise the same yeare,
the Moone was twyse in the Eclipse, in July and in January. »

Léon III, dont on parle ici, fut élu Pape en 796 et mourut en 816.

Il convient de remarquer que ce fait était resté dans l'oubli, et qu'il n'est pas consigné dans la liste des obscurcissements du Soleil dressée par A. de Humboldt.

II (p. 22).

Marche des groupes des taches solaires. — M. le Conseiller H. Schwabbe, de Dessau, a dessiné, dans les *Astronomische Nachrichten*, le résultat de ses observations du Soleil en 1863. Sur 330 observations, il a trouvé 124 groupes. Il n'y eut que deux jours où il n'aperçut aucune tache, le 5 et le 6 septembre. Voici, du reste, de mois en mois, le nombre des groupes de taches observées et celui des jours d'observations.

	Nombre des groupes.	Jours d'observations.
Janvier..............	8	27
Février.............	11	24
Mars...............	11	23
Avril..............	11	30
Mai...............	14	31
Juin..............	11	28
Juillet............	10	31
Août...	10	31
Septembre.........	10	30
Octobre...........	10	30
Novembre.........	8	24
Décembre.........	8	21

III (p. 23).

Il n'est pas nécessaire de se servir d'un fort grossissement pour reconnaitre l'aspect pommelé de la surface solaire; on peut l'observer avec un réfracteur qui mesure $2\frac{1}{2}$ pouces d'ouverture, et dont le grossissement est de 60 seulement. Lorsqu'on examine cette surface avec un instrument à large ouverture (6 ou 8 pouces), il devient évident que la surface est principalement composée de masses lumineuses imparfaitement séparées les unes des autres par des rangées de petits points noirs. L'intervalle entre ces points étant extrèmement faible et occupé par une substance certainement moins lumineuse que la surface générale, quel que soit le grossissement que l'on emploie, la division entre les masses lumineuses ne paraît jamais complète. Ces masses offrent toutes les variétés possibles de formes irrégulières; la plus rare de toutes est encore celle que représente la dénomination de M. Nasmyth, qui les a comparées à des « feuilles de saule » longues, étroites et pointues. Cette forme n'a été remarquée que dans le voisinage immédiat de taches considérables, sur leur pénombre, et se projetant même souvent à une très-petite distance de l'ombre; singularité à laquelle M. Dawes avait déjà fait allusion, en 1852, dans sa description d'un nouveau télescope solaire, lorsqu'il disait que « la tranche intérieure de la pénombre paraît fréquemment dentelée, que des arêtes brillantes y paraissent dirigées vers le centre de la tache, et qu'elles offrent dans leur ensemble l'aspect d'un ruban de paille dont les extrémités intérieures n'auraient pas été bien ajustées. »
Sir John Herschel partage depuis longtemps cette opi-

nion, que la surface du Soleil est finement pommelée par l'aspect de petits points noirs ou pores, qui, lorsqu'on les examine attentivement, paraissent dans un état de changement perpétuel, et que rien ne pourrait mieux offrir cette apparence que la chute de précipités chimiques. M. Dawes a étudié ces faits et les confirme. Il émet cependant quelques doutes à propos du changement perpétuel dans l'état des pores; il annonce qu'il a exploré et étudié minutieusement la surface du Soleil, ayant pratiqué dans le diaphragme de sa lunette quelques petites ouvertures de 20 secondes à 60 secondes de diamètre, et s'étant servi des plus forts grossissements quand les circonstances le permirent; qu'il a fréquemment gardé en vue les mêmes masses lumineuses et les pores qui s'y trouvaient, pendant deux heures; et qu'il a rarement observé un changement quelconque, même avec des grossissements de 400 à 600 fois. Il ajoute que les troubles qui surviennent dans l'atmosphère suffisent pour faire croire à une variation presque perpétuelle dans l'état de l'objet observé, que l'œil se fatigue vite, enfermé dans un champ si restreint, et rend la vision confuse.

On observe cependant un fait qui fait exception à ce calme comparatif, lorsqu'on examine le voisinage immédiat des taches, qui grandissent et diminuent avec tant de rapidité. C'est notamment dans ces circonstances que les masses lumineuses revêtent une forme allongée, comme nous l'avons dit plus haut. Mais où les changements sont le plus actifs, c'est lorsque ces masses éclairées se préparent pour une course précipitée à travers l'abîme, et forment ainsi ces ponts lumineux qui traversent souvent des taches considérables. Le lieu d'où un tel courant va prendre son point de départ est souvent indiqué par un amoncellement et par l'inclinaison générale du grand axe de chacune des masses allongées qui prennent cette direction; et ici l'observateur cité plus haut partage l'opinion de sir John Herschel sur la formation de précipités chimiques et leur attribue la cause de ces phénomènes.

Le R. W. Dawes a dirigé son attention sur le point dont nous parlons; un jour que ce phénomène se produisit, il s'appliqua à l'observation du bord de la tache, et, n'embrassant qu'un champ très-restreint, étudia avec intérêt la formation de la première partie du pont. Les masses lumineuses offraient l'aspect de brins de paille, presque tous couchés dans la même direction, quoique quelques-uns fussent un peu obliques à la ligne du pont : les parties latérales du pont paraissaient dentelées à cause de l'inégale longueur des pièces qui le composaient. C'est un fait remarquable que ces sortes de ponts soient toujours formés par des stries lumineuses provenant de la couche extérieure, qui se projettent alors sur la pénombre, sans aucun mélange des couches inférieures moins lumineuses. Si ce fait n'est pas constant, c'est du moins celui que l'auteur du Mémoire a toujours observé, et celui qui résulte de ses longues et minutieuses études. La lumière de ces stries lui a toujours paru d'une telle intensité, que la ligne formée par le pont empêchait, quelque étroite qu'elle fût, l'ombre de la tache d'être discernée par l'œil.

Reconnaissant tout l'intérêt des recherches sur l'origine ou la cause des taches solaires, l'auteur invite les observateurs à diriger une attention spéciale sur le *noyau noir* qui se trouve dans l'*ombre* des taches symétriques les plus vastes. Il avait déjà fait remarquer, il y a douze ans, l'inconvénient d'appliquer la même dénomination à des objets complétement différents, et à ne pas distinguer l'ombre du noyau; il regrette que son observation ait passé inaperçue. Dans les descriptions physiques des taches solaires, on confond l'ombre avec le véritable noyau, que l'on oublie ou qui reste caché. M. Dawes insiste particulièrement sur ce point, parce que la conclusion de ses observations personnelles lui a démontré que l'absence ou l'existence du noyau est suffisante pour déterminer l'origine de la tache, ou du moins pour jeter une grande lumière sur la question, et que l'origine des taches où le noyau existe est toute différente de celle des taches où le noyau n'existe pas.

Nous nous associons à cette remarque; il est indiscutable que, pour éviter toute confusion, des objets distincts doivent être désignés par des noms différents; et s'il résulte d'observations minutieuses, et notamment de celles de M. Dawes, que l'*ombre* inférieure à la *pénombre* n'est pas le noyau solaire, et que ce noyau apparaît quelquefois au milieu de cette ombre, il convient de ne jamais perdre de vue cette distinction fondamentale.

IV (p. 23).

Sur les granulations visibles à la surface du Soleil. — Nous avons suivi avec attention les débats des astronomes anglais dans l'enceinte de la *Royal Astronomical Society* de Londres. L'une des premières préoccupations fut d'examiner si l'on trouve réellement en certaines parties de la photosphère des objets pouvant être assimilés aux feuilles de saule dont nous avons déjà parlé. Il est difficile de donner aucune dénomination appropriée à la forme de ces petites irrégularités brillantes qui se présentent sur toute la surface; toute dénomination indiquerait un caractère ou une régularité de formes qu'elles ne possèdent pas. Aucun nom déterminé ne peut être appliqué, celui de *feuilles de saule* moins que tout autre, au rapport de M. Dawes, qui n'a jamais rien vu de pareil sur toute la surface solaire. Le terme de *grains de riz* serait préférable. Pour finir le débat, l'observateur propose de donner à ces apparences le nom moins défini de *granulations* ou *granules* qui lui semble mieux approprié à leur caractère.

En examinant diverses parties du disque solaire avec un grossissement de 131 à 407, M. Dawes put remarquer partout ces granulations, excepté dans les régions très-rapprochées des boules du disque; leur forme et leur grandeur sont des plus variées, et, par conséquent, manquent d'objets de comparaison; de toutes ces formes, la longue et étroite paraît encore être la plus rare. Quelquefois deux de ces objets en contact diffèrent tellement l'un de l'autre, que l'un paraît quatre ou cinq fois plus grand que son voisin, et tandis que le premier ressemble à une tête de flèche grossière et mal façonnée, le second, beaucoup plus petit, se présente sous la forme d'un trapèze irrégulier aux cornes arrondies. Il paraît évident que ce ne sont pas là des corps individuels et distincts, d'une nature particulière, mais seulement différentes conditions dans l'éclat ou dans la hauteur des masses plus épaisses qui forment la surface pommelée, de même que les parties plus brillantes de cette surface et les facules sont différentes conditions de la photosphère générale.

Les lignes plus sombres ou ombrées qui séparent les granules paraissent couvertes de petits points noirs, comme un pointillage fait à la mine de plomb; c'est ce que sir John Herschel appelle *pores*, et son père *ponctulations*. Quelques-uns sont presque noirs, semblables à des taches excessivement petites qui viendraient à s'ouvrir. Cependant aucun n'a paru s'agrandir ou altérer matériellement sa forme, quoique cette forme ait été assez bien définie, avec un grossissement de 276 à 407, pour que l'on pût facilement remarquer qu'elle n'était pas entièrement ronde.

Quant aux objets en forme de feuilles de saule, ils sont extrêmement rares, doivent être très-différents des granulations ordinaires et n'entrent pas dans la composition générale de la surface. Peut-être les granules peuvent-ils être quelquefois comprimés en une forme longue, sous l'influence des mêmes forces qui produisent de longues traînées, semblables à des brins de paille que l'on voit sur les pénombres.

En comparant ensemble les masses plus ou moins lumineuses qui produisent le pommelage grossier de la surface, on trouve que les granules sont généralement plus gros et plus brillants dans les parties brillantes que dans les plus sombres, car la différence entre leur éclat et celui de la surface reste toujours la même. Un fait digne de remarque, c'est que les granules appartenant à une même masse sont à peu près tous du même éclat.

M. Dawes a voulu examiner en dernier lieu si les granulations se montrent aux alentours des taches, taches que l'observateur croit devoir attribuer, comme nous l'avons établi dans le texte, à une force éruptrice s'élevant du centre à l'extérieur. Or, un fait que les excellentes photographies de M. de la Rue ont confirmé, c'est l'absence complète de ces granulations sur le bord des taches. De quelque nature qu'elle soit, l'éruption a pour effet d'amonceler la substance constitutive de la photosphère et de confondre les différentes formes visibles avec les régions calmes.

L'examen des facules conduit au même résultat. On ne trouve sur elles aucune espèce de granulations. On peut en conclure que la cause qui produit les cimes élevées plus brillantes trouble les plus petites formes que l'on voit ailleurs. S'il arrive quelquefois que des traces de granulations soient visibles sur les facules vues de face, ces traces disparaissent entièrement lorsque les facules se présentent de côté en approchant des bords du disque.

Quelque bien établies qu'elles paraissent, ces apparences de la surface solaire ont été contestées, à la Société Astronomique, par M. Talmage, qui, malgré la meilleure volonté du monde et un beau choix d'instruments, n'a jamais pu voir les granulations susdites. La diversité dans l'aspect du Soleil n'est pour lui qu'une différence d'intensité lumineuse. Quelques observateurs ont appuyé M. Dawes, les uns en ce qui concerne les grains de riz, qu'il est tout disposé à nommer *granules*, les autres à propos de l'anneau de lumière qui entoure ordinairement les pénombres des taches. Quoi qu'il en soit, et tout en ajoutant la plus grande foi à l'habileté incontestée du R. W. Dawes, nous dirons avec l'honorable président : C'est au Soleil à décider.

V (p. 37).

Sur l'atmosphère du Soleil. — Les travaux de MM. Dawes, Nasmyth, Stone, et autres astronomes d'outre-Manche, que nous avons passés en revue dans les Notes précédentes, ne doivent pas captiver exclusivement notre attention; nous devons, à mesure qu'ils se présentent, mettre en évidence ceux qui s'opèrent en d'autres pays. Aussi sommes-nous heureux aujourd'hui d'appeler l'attention de nos lecteurs sur les observations que notre compatriote, M. Chacornac, a récemment soumises à l'Académie des Sciences (*). On trouvera le plus grand intérêt à les comparer aux précédentes, notamment à celle du R. W. Dawes, et à la théorie critique du P. Secchi. C'est, du reste, un pas de plus de fait dans la connaissance de la constitution physique du Soleil.

« Si l'on admet avec les physiciens les plus éminents que la surface lumineuse du Soleil émet la lumière suivant la

_____

(*) *Comptes rendus des séances de l'Académie des Sciences*, t. LVIII, n° 11.

loi du sinus, comme les corps terrestres solides en fusion, la surface de cet astre devrait être également lumineuse sur toute l'étendue de son disque, et l'affaiblissement de lumière que l'on remarque près du bord serait entièrement dû à l'interposition d'une atmosphère incomplétment diaphane qui envelopperait la surface lumineuse de l'astre.

» Si cet affaiblissement de la lumière solaire était dû à une loi d'émission différente de celle du sinus, à celle, par exemple, du cosinus, les bords du disque, tout en diminuant graduellement d'éclat, conserveraient la même couleur blanche du centre jusqu'à l'extrémité des bords. Or, tel n'est pas le résultat de l'observation la plus superficielle : aussitôt que commence d'apparaître la différence d'intensité lumineuse, se montre en même temps la différence de teinte entre les deux régions comparées, et sur l'extrême bord cette différence est telle, qu'elle offre une difficulté réelle pour la comparaison directe des intensités lumineuses de cette région avec celle du centre.

» D'autre part, l'observation des éclipses totales de Soleil montre nettement cette atmosphère graduellement décroissante d'intensité en s'éloignant du bord de l'astre. La visibilité du bord lunaire en dehors du disque solaire, plus apparente près du bord de l'astre que vers les régions extérieures, ne peut s'expliquer autrement que par la projection de notre satellite sur l'auréole solaire. Or, pendant l'éclipse de 1860, peu de temps avant la totalité, ce phénomène était d'autant plus évident, que le prolongement du disque s'apercevait par portions très-nettement accusées dans les régions où la couronne se montrait plus intense, dans la région où, quelques secondes plus tard, apparurent les protubérances les plus accentuées.

» Un autre fait sur lequel les astronomes sont à peu près tous d'accord, l'existence matérielle de protubérances rougeâtres en forme de montagnes attenant au corps du Soleil, exige une atmosphère extérieure, non-seulement pour expliquer leurs formes en surplomb, mais aussi pour comprendre que ces protubérances rougeâtres, en forme de montagnes, ne forment pas des taches dont les dimensions aillent en grandissant à mesure qu'elles s'approchent des bords du disque.

» Mais si l'on remarque que la lumière de la couronne devient, dans le voisinage immédiat du Soleil, assez vive pour blesser la vue, si l'on remarque que la zone continue de matière incandescente de couleur rose qui se montre presque en contact avec le bord solaire apparaît suspendue et séparée, par un filet de lumière très-vive, des couches basses de sa couronne, on comprendra que le pouvoir absorbant de ce milieu paraît assez considérable pour fondre toutes ces taches, toutes ces ombres en une teinte sombre qui intercepte uniformément la lumière du Soleil.

» L'observation de ces phénomènes, décrits par un grand nombre d'astronomes, atteste l'existence d'une atmosphère très-dense, dont les couches inférieures réfléchissent une vive lumière. »

D'autres phénomènes confirment l'existence de cette atmosphère. Telles sont les protubérances qui paraissent voilées à leur base par l'interposition d'un milieu blanchâtre. M. Chacornac cite l'observation de chacune d'elles, qu'il fit pendant l'éclipse de 1860. Quoique mêlée à un groupe situé sur un premier plan, elle apparaissait dans le lointain comme un vaisseau dont on n'aperçoit au-dessus de l'horizon que les mâts et les voiles; sa base était masquée par la courbure du corps sphérique, et sa lumière, presque blanche, semblait voilée par l'interposition d'une grande épaisseur de cette atmosphère. Vers la partie inférieure, cette protubérance diminuait rapidement d'éclat et sa teinte rosée disparaissait complétement dans cette région, tandis que la coloration incandescente du groupe situé sur le premier plan tranchait vivement sur le fond lumineux de l'auréole.

Passant au phénomène de la diminution d'intensité lumineuse du bord solaire, l'auteur rapporte qu'en se servant d'un miroir en verre non argenté de 75 centimètres de diamètre, il trouve que l'intensité de l'extrème bord du disque solaire était moitié plus faible que celle d'une zone très-étroite située à 14 secondes de distance de ce bord, et que le rapport d'intensité lumineuse de cette zone avec celle du centre était de 0,454. D'autres mesures indiquent qu'une différence d'intensité lumineuse au moins égale à $\frac{1}{60}$ est appréciable à $8\frac{1}{2}$ minutes de distance du bord de l'astre (en prenant pour son rayon moyen 960 secondes).

L'auteur insiste sur la différence de couleur nettement visible à l'extrème bord et entre les diverses régions du disque, parce que, dit-il, ce phénomène suffirait à lui seul pour constater l'existence de l'atmosphère, si la découverte de MM. Kirchhoff et Bunsen ne le prouvait surabondamment.

Il résulte de l'ensemble des considérations exposées par M. Chacornac, que l'enveloppe extérieure du Soleil doit posséder un grand pouvoir d'extinction et que l'étendue de cette atmosphère doit être considérable, ce qui est, du reste, d'accord avec l'étendue de l'auréole rayonnée que l'on aperçoit pendant les éclipses totales.

Nous voici revenus à nos anciens maîtres, Arago et Humboldt.

VI (p. 47).

Sur la théorie des taches solaires. — Le *Bulletin météorologique* de l'Observatoire du Collége romain a publié, en janvier, une étude sur les taches solaires en général, et sur l'hypothèse de M. Kirchhoff en particulier, dans laquelle le

R. P. Secchi combat avec quelque vivacité l'opinion de notre savant physicien. Il convient de présenter cette étude, après l'exposé que nous avons fait des observations de M. Dawes (*).

Sans admettre la théorie du noyau et des enveloppes solaires imaginée par William Herschel et partagée depuis par Humboldt, Arago, etc., le P. Secchi combat néanmoins dans son principe la théorie émise par M. Kirchhoff. Seulement, il passe sous silence les observations de l'analyse spectrale relatives aux raies noires du spectre solaire, et ne s'occupe que de l'aspect des taches et de leurs phases.

En premier lieu, il ne peut admettre que le noyau solaire soit un globe liquide, incandescent, plus lumineux que l'atmosphère environnante; celle-ci est donc encore, de l'avis de l'astronome romain, une véritable photosphère. Les taches se forment dans cette photosphère; ce ne sont point des nuages, mais bien des cavités qui paraissent remplies de gaz moins incandescents à l'état de courants et de tourbillons. Si le pore noir, qui est la forme originelle d'une tache, peut d'abord donner l'idée d'un nuage, dit le P. Secchi, l'analogie disparaît bientôt. Pendant que le pore se dilate jusqu'à offrir l'aspect d'une tache, ses bords semblent échancrés, et la pénombre est coupée de rayons minces convergeant vers le centre de la figure. (On se rappelle les observations de M. Dawes.) Le noyau ne présente pas toujours rigoureusement le contour de la pénombre, mais, au contraire, à un angle saillant de la matière lumineuse contre le noyau, en correspond un rentrant dans la pénombre, exactement comme ferait une portion détachée de matière qui *coulerait* des parois dans le noyau, et qui laisserait un escarpement d'autant plus rentrant, que la matière aurait coulé en plus grande quantité.

(*) Outre le texte, *voir* les Notes, p. 247.

D'un autre côté, quand la tache est arrivée à son plein
développement, elle nous présente de vastes surfaces noires
dans lesquelles font irruption des filets lumineux qui rayonnent de toutes parts de la photosphère, comme des torrents
qui s'avanceraient dans l'intérieur des noyaux. Ces lignes
longues et tortueuses conservent tout l'éclat de la photosphère elle-même. Une telle apparence ne confirme en rien
l'idée de nuages.

Lorsque la tache est arrivée à sa dernière période, où elle
va être complétement dissoute, la pénombre est moins régulièrement rayonnée, et semble formée par la photosphère
elle-même, plus atténuée et amincie.

Les facules qui entourent souvent les taches semblent au
même auteur inconciliables avec l'hypothèse des nuées.
« Ces facules, dit-il, ne sont autre chose que les crêtes des
vagues tumultueuses soulevées dans la photosphère, qui
émergent par leur cime de la couche atmosphérique plus
dense, et semblent exactement formées de la substance photosphérique rejetée à l'extérieur par la force interne qui fait
naître la tache. Si la tache n'était que la formation d'un
nuage, ajoute-t-il, on ne comprendrait pas pourquoi son
contenu paraît si violemment agité. »

Par cette explication de la formation des taches, le
R. P. Secchi supprime la complication des deux couches de
nuages que M. Kirchhoff a substituées aux deux photo-
sphères primitives.

Tout en considérant que la théorie du savant astronome
s'accorde en tous points avec les plus récentes et les plus
minutieuses observations des taches solaires, nous ne pouvons encore la présenter qu'à titre d'hypothèse. Du reste,
l'auteur lui-même ne la considère pas autrement et ne tient
point la théorie de M. Kirchhoff pour anéantie. Si nous nous
exprimons de la sorte, dit-il en terminant, ce n'est pas tant
pour contredire un physicien si distingué que pour empê-

cher l'introduction de ses idées dans la science : l'histoire montre, en effet, que les personnes qui font autorité dans une spécialité entraînent souvent à leur suite, par le poids de leur opinion, les esprits moins familiarisés avec la question, quoique ces personnes n'aient pas dans ces matières, à elles étrangères, une autorité suffisante. Nous ne prétendons pas avoir donné la théorie vraie des taches solaires; nous croyons seulement avoir montré que l'hypothèse qui en fait des nuages est certainement une des moins heureuses qu'on puisse imaginer.

Avis aux héliographes : les débats continuent.

VII (p. 68).

« Les tentatives de Schrœter, Herschel, Lamont et Mædler, dit M. Lespiault, pour mesurer directement les diamètres de Pallas, Cérès ou Vesta, avaient donné des résultats peu concordants. On n'a même pas essayé de telles mesures pour les autres astéroïdes.

» C'est par des considérations indirectes que l'on a cherché à évaluer approximativement les dimensions réelles de chacun d'eux. En effet, la *grandeur* dans laquelle vient se classer un astre qui brille d'une lumière réfléchie dépend évidemment de *la distance de cet astre au Soleil*, de *sa distance à la Terre*, de *son diamètre réel* et du *pouvoir réflecteur* (*albedo*) de sa surface. Quatre de ces quantités étant données, on peut trouver la cinquième. Pour les anciennes planètes, l'*albedo* seule est inconnue; car la grandeur de chacune d'elles s'exprime facilement en nombres, en prenant pour bases les mesures photométriques de MM. Steinheil et Seidel. On trouve ainsi que l'*albedo* est à peu près la même pour Saturne, Jupiter, Vénus et Mercure; un peu inférieure dans Mars, à cause de la couleur rouge de cet astre. Comme, d'ailleurs, les astéroïdes ont, en général, la teinte blanche des quatre premières planètes, on voit qu'il est permis de leur supposer aussi le même pouvoir réflecteur. Dès lors, le diamètre réel de ces petits corps restera la seule inconnue.

» Cela posé, il résulte des travaux de M. Seidel que la *grandeur* d'un astre augmente d'une unité lorsque sa distance à la Terre croît dans le rapport de 1 à 1,6. De là, M. Argelander a déduit une formule très-simple.

» Soient :

$b = 1,6$;

$a = $ le demi-grand axe de l'orbite d'une planète;

$r = $ la distance moyenne de cette planète au Soleil;

$\Delta = $ la distance moyenne de cette planète à la Terre;

$M = $ la *grandeur* de l'astre pour $r = a$ et $\Delta = a - 1$;

$m = $ la *grandeur* de l'astre pour $r = r_0$ et $\Delta = \Delta_0$;

$\delta = $ le diamètre réel exprimé en lieues de 4 kilomètres.

» On aura :

$$\log \delta = 2,7913 - m \log b + \log r_0 + \log \Delta_0,$$
$$\log \delta = 2,7913 - M \log b + \log a + \log (a - 1).$$

» Cette formule donne le tableau suivant pour la *grandeur* de cinquante astéroïdes et pour leurs diamètres réels :

Noms.	M	♂ Lieues.	Noms.	M	♂ Lieues.
Vesta.......	6,5	105	Euterpe.....	10,2	15
Cérès	7,4	89	Bellone.....	10,3	24
Pallas.......	8,2	61	Lutetia.....	10,3	16
Iris	8,3	39	Phocéa......	10,5	14
Hébé........	8,4	39	Thétis......	10,6	15
Eunomia....	8,5	46	Fidès.......	10,7	18
Lætitia......	8,6	49	Nysa.......	10,7	17
Flore	8,8	25	Thalie	10,7	16
Junon	8,9	42	Calliope	10,8	20
Métis	8,9	30	Palès	10,8	18
Harmonie ...	9,1	40	Proserpine..	10,8	16
Amphitrite..	9,1	33	Léda	10,9	15
Massilia.....	9,1	27	Isis	10,9	10
Parthénope..	9,4	25	Pomone.....	11,0	13
Melpomène..	9,4	21	Euphrosine..	11,3	20
Égérie......	9,4	28	Polymnie....	11,3	14
Hygie.......	9,5	45	Doris	11,4	21
Fortuna.....	9,5	24	Aglaé.......	11,4	15
Irène	9,6	27	Ciré........	11,5	9
Uranie......	9,7	20	Eugénie.....	11,6	11
Psyché.....	9,8	86	Thémis......	12,1	14
Astrée......	9,8	24	Leucothée. .	12,1	9
Victoria.....	10,0	21	Virginie....	12,4	8
Ariane......	10,0	14	Hestia.......	12,5	6
Daphné....	10,2	17	Atalante.....	12,9	8

» On remarquera que ce calcul donne à peu près le même nombre que les mesures directes pour le diamètre de Vesta, mais un nombre beaucoup moindre pour le diamètre de Pallas. On sera frappé aussi de l'extrême petitesse de quelques astéroïdes, tels que Hestia, Virginie, Atalante, Circé, Leucothée, etc., qui ont à peine 3 ou 4 lieues de rayon, et dont la surface est inférieure à celle d'un de nos plus petits départements. Un bon marcheur ferait, dans une journée, le tour d'un de ces globes microscopiques. A densité égale, la pesanteur à sa surface serait trois ou quatre fois moindre que sur la Terre. Enfin, si l'on s'en rapporte au tableau précédent, on trouve que les volumes réunis des cinquante planètes que nous venons d'énumérer ne donneraient guère que la deux-centième partie du volume de notre satellite. »

VIII (p. 83).

Les éléments définitifs de la grande comète de 1861, et ceux qui ont servi au calcul de M. Liais sur le passage de la Terre dans la queue de cette comète, sont ceux que M. Seeling a conclus d'observations faites sur une échelle de six mois, du 11 juin au 31 décembre 1861. Voici ces éléments :

Passage au périhélie..	Juin 11, 54234, T. M. de Berlin.	
Longitude du périhélie	$249°\ 4'\ 3'',70$	
Longitude du nœud ascendant........,....	$278°\ 57'\ 59'',01$	Éq. m. 1861.
Inclinaison..........,..	$85°\ 26'\ 24'',70$	
Distance périhélie....	0,8223570	
Excentricité.........	0,9853262	
Durée de la révolution..............	419 ans, 5.	

IX (p. 226).

L'article où nous relevions, entre autres, cette peccadille d'un journaliste ayant été publié par le *Cosmos*, le doyen de l'Académie de Strasbourg, M. Bach, Professeur de Mathématiques à la Faculté, nous adressa une réponse qu'il est intéressant de conserver pour mémoire.

« Strasbourg, 12 novembre 1864.

» Monsieur,

» Dans votre intéressant article sur les phénomènes astronomiques du mois de novembre, vous signalez un *péché véniel* commis par les feuilles périodiques à propos de la planète *Mars*, et vous supposez que l'auteur de la *peccadille* a eu une réminiscence de l'anneau de *Saturne*, qui disparaît tous les quinze ans. Avant d'avoir lu le numéro du *Cosmos* du 4 novembre, je m'étais déjà demandé si la susdite peccadille n'avait pas pour origine le travestissement d'un fait exact, en un mot si le malencontreux nombre *quinze* ne répondait pas pour la planète Mars à quelque période astronomique. J'ai l'honneur de vous soumettre le résultat de mes réflexions sur ce sujet.

» La révolution *synodique* de Mars étant de 779 jours, le Soleil, dans cette révolution, parcourt 2 circonférences plus 48 degrés. Ainsi, une opposition ayant lieu en un certain point de l'écliptique, la première opposition qui suivra aura lieu à 48 degrés plus loin, la deuxième à 96 degrés plus loin, et la quinzième aura lieu à 48×15 ou à 720 degrés du point de départ. Mars en opposition se trouvera alors dans la constellation où il était trente-deux ans auparavant, puisque quinze révolutions synodiques équivalent à ce nombre d'années. En d'autres termes, au bout de quinze révolutions *synodiques*, la planète *en opposition* revient à la même longitude.

» Supposons maintenant qu'un journaliste peu versé dans l'Astronomie, cherchant dans un recueil scientifique des nouvelles propres à intéresser son public, y lise une phrase telle que celle-ci : *La planète Mars, dans ses oppositions, revient en même longitude au bout de quinze révolutions synodiques*, il se dira : *Opposition, longitude*, voilà des mots dont je ne comprends pas bien le sens, et que le vulgaire, à plus forte raison, ne comprendra pas; il ne doit pas y avoir grand inconvénient à les supprimer. Quant à *révolution synodique*, cela signifie probablement la révolution du Soleil autour de la Terre, c'est l'*année*; et après ce monologue, il écrira naturellement l'énormité imprimée dans toutes les feuilles publiques :

» La planète Mars revient tous les quinze ans, ou : La planète Mars est visible tous les quinze ans.

» Recevez, etc.

» BACH. »

Nous pensons avec M. Bach que le journaliste anonyme à qui l'on doit la singulière assertion que nous avons mentionnée dans nos phénomènes astronomiques de novembre, a pu confondre et mal interpréter une donnée scientifique sur les mouvements apparents de la planète Mars, tout aussi bien qu'il aurait pu avoir quelque réminiscence confuse d'autres périodes astronomiques indépendantes des précédentes.

Mais nous pardonnons sans arrière-pensée les petits péchés de la presse quotidienne. Un journaliste qui se met dans l'obligation d'écrire chaque jour un nouvel article (serait-ce seulement dans le *Petit Journal*) doit s'attendre à prouver bien souvent que *Errare humanum est*.

FIN DU PREMIER VOLUME.

Juillet 30   Juin 31   Mai 30   Avril 31   Mars 30

Castor
Pollux   Mars 1.er FÉVRIER
LES GÉMEAUX
le Cancer
Uranus
le Cocher
Persée
le Triangle Bor.
ANDROMÈDE
Scheat
les Pléiades
la Mouche
LE BÉLIER
PÉGASE
Algenib   Markab
Aldebaran   LE TAUREAU
les Hyades
LE Pt CHIEN
Procyon
LA LICORNE
ORION
Équateur
LES POISSONS
LA BALEINE
L'ÉRIDAN
Sirius
LE GRAND CHIEN
LE LIÈVRE
LE NAVIRE
LA COLOMBE
le Fourneau
LE POISSON AUST.
Fomalhaut

Degrés de Déclinaison

Équateur

Degrés d'Ascension droite.

VIII heure   VII   VI   V   III   II   I   XXIV   XXIII   XXII

Degré   Echelle de Cordes

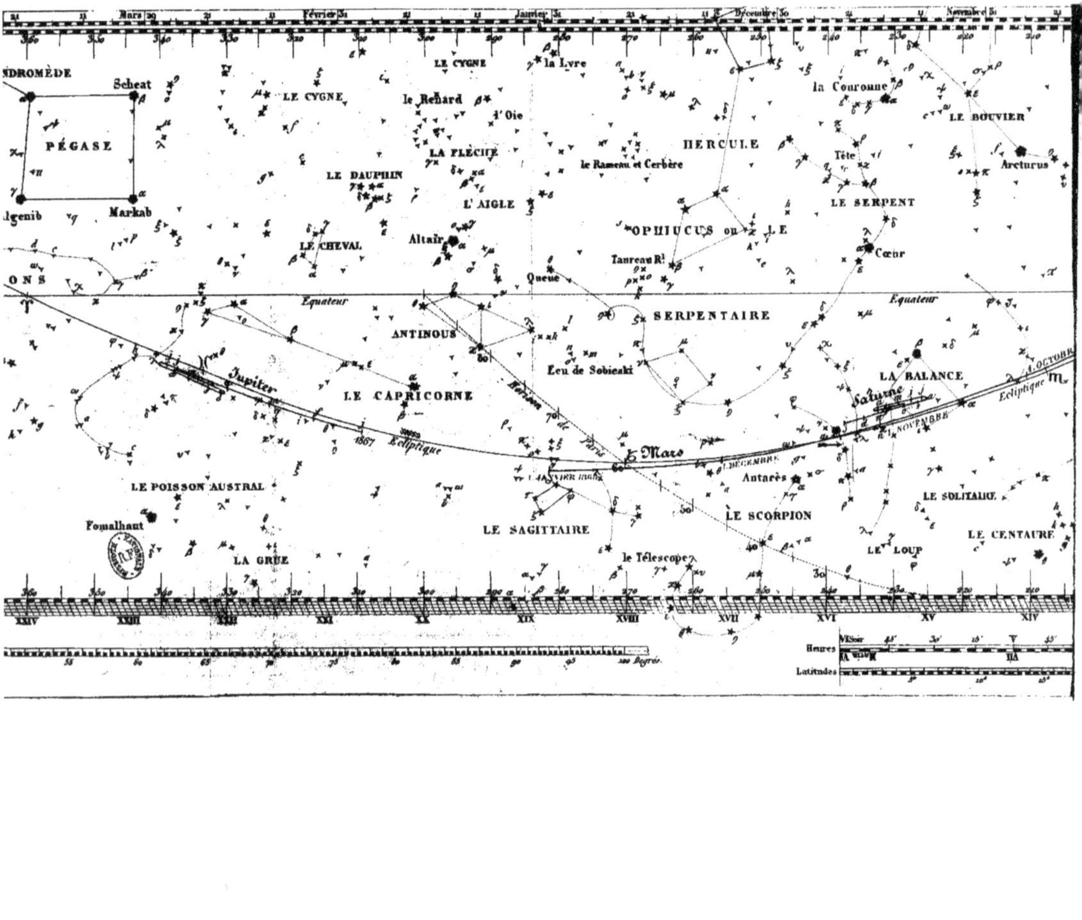

Mars
Février
Janvier
Décembre
Novembre
ANDROMÈDE
Scheat
PÉGASE
Algenib
Markab
LE CYGNE
le Renard
l'Oie
LA FLÈCHE
LE DAUPHIN
L'AIGLE
LE CHEVAL
Altaïr
la Lyre
le Rameau et Cerbère
HERCULE
OPHIUCUS ou LE
Taureau Rl
Queue
la Couronne
Tête
LE SERPENT
Cœur
LE BOUVIER
Arcturus
Equateur
ANTINOUS
SERPENTAIRE
Écu de Sobieski
LA BALANCE
Saturne
Jupiter
LE CAPRICORNE
1867
Ecliptique
Mars
DÉCEMBRE
NOVEMBRE
Antarès
LE POISSON AUSTRAL
Fomalhaut
LA GRUE
LE SAGITTAIRE
le Télescope
LE SCORPION
LE LOUP
LE SOLITAIRE
LE CENTAURE
Heures
Latitudes

.

www.ingramcontent.com/pod-product-compliance
Lightning Source LLC
Chambersburg PA
CBHW070302200326
41518CB00010B/1869